Verlag von Julius Springer in Berlin.

Herstellung und Instandhaltung elektrischer Licht- und Kraftanlagen. Ein Leitfaden auch für Nichttechniker. Unter Mitwirkung von Gottlob Lux und Dr. C. Michalke verfaßt und herausgegeben von S. Frhr. v. Gaisberg. Sechste, umgearbeitete und erweiterte Auflage. Mit 45 Textfiguren.
In Leinwand gebunden Preis M. 2,40.

Stromtarife für Grossabnehmer elektrischer Energie. Von Dr.-Ing. E. Fleig. Mit 55 Textfiguren. Preis M. 6,—; in Leinwand gebunden M. 7,—.

Elektrizität im Hause. In ihrer Anwendung und Wirtschaftlichkeit dargestellt von Georg Dettmar, Generalsekretär des Verbandes deutscher Elektrotechniker. Mit 213 Textfiguren. In Leinwand gebunden Preis M. 4,—.

Elektrotechnische Winke für Architekten und Hausbesitzer. Von Dr.-Ing. L. Bloch und R. Zaudy. Mit 99 in den Text gedruckten Figuren.
In Leinwand gebunden Preis M. 2,80.

Die Stromversorgung der Grossindustrie. Von Dr.-Ing. H. Birrenbach. Mit 27 Textfiguren. Preis M. 5,—; in Leinwand gebunden M. 6,—.

Elektrische Energieversorgung ländlicher Bezirke. Bedingungen und gegenwärtiger Stand der Elektrizitätsversorgung von Landwirtschaft, Landindustrie und ländlichem Kleingewerbe. Von Walter Reisser, Diplom-Ingenieur in Stuttgart.
Preis M. 2,80.

Ratgeber für die Gründung elektrischer Überlandzentralen. Von Dipl.-Ing. A. Vietze, Oberingenieur in Halle a. S.
Preis M. 4,—; in Leinwand gebunden M. 5,—.

Der elektrische Landwirt. Ein Merkbüchlein in Frage und Antwort. Von Dipl.-Ing. A. Vietze, Oberingenieur in Halle a. S. 31.—40. Tausend. Preis M. —,40. Bei Abnahme von mindestens 50 Exemplaren 36 Pfg., bei 100 Exemplaren 34 Pfg., bei 500 Exemplaren 32 Pfg., bei 1000 Exemplaren 30 Pfg.

Alles elektrisch! Ein Wegweiser für Haus und Gewerbe. Preisgekrönte Bearbeitung von H. Zipp, Ingenieur in Cöthen. Neue, durchgesehene Auflage. 81.—100. Tausend. Preis M. —,25. Bei Abnahme von mindestens 50 Exemplaren 20 Pfg., bei 100 Expl. 16 Pfg., bei 500 Exemplaren 14 Pfg., bei 1000 Exemplaren 12 Pfg.

Aus der Praxis des Taylor-Systems, mit eingehender Beschreibung seiner Anwendung bei der Tabor Manufacturing Company in Philadelphia. Von Dipl.-Ing. Rudolf Seubert. Mit 45 Abbildungen und Vordrucken.
In Leinwand gebunden Preis M. 7,—.

Die Betriebsleitung, insbesondere der Werkstätten. Von Fred. W. Taylor. Autorisierte deutsche Ausgabe der Schrift: „Shop management". Von A. Wallichs, Professor an der Technischen Hochschule in Aachen. Dritte, vermehrte Auflage. Mit 26 Figuren und 2 Zahlentafeln. In Leinwand gebunden Preis M. 6,—.

Fabrikorganisation, Fabrikbuchführung und Selbstkostenberechnung der Firma Ludw. Loewe & Co., Aktiengesellschaft, Berlin. Mit Genehmigung der Direktion zusammengestellt und erläutert von J. Lilienthal. Mit einem Vorwort von Dr.-Ing. G. Schlesinger, Professor der Technischen Hochschule Berlin. Zweite, durchgesehene und vermehrte Auflage. Mit 135 Formularen.
In Leinwand gebunden Preis M. 10,—.

Einführung in die Organisation von Maschinenfabriken, unter besonderer Berücksichtigung der Selbstkostenberechnung. Von Dipl.-Ing. Friedrich Meyenberg, Oberingenieur der Eisenbahnsignal-Bauanstalt Max Jüdel & Co., A.-G., Dozent an der Herzoglichen Technischen Hochschule Braunschweig.
In Leinwand gebunden Preis M. 5,—.

Der Fabrikbetrieb. Praktische Anleitungen zur Anlage und Verwaltung von Maschinenfabriken und ähnlichen Betrieben sowie zur Kalkulation und Lohnverrechnung. Von Albert Ballewski. Dritte, vermehrte und verbesserte Auflage, bearbeitet von C. M. Lewin, beratender Ingenieur für Fabrikorganisation in Berlin.
In Leinwand gebunden Preis M. 6,—.

Buchhaltung und Bilanz auf wirtschaftlicher, rechtlicher und mathematischer Grundlage für Juristen, Ingenieure, Kaufleute und Studierende der Privatwirtschaftslehre. Von Dr. hon. c. Johann Friedrich Schär, Professor und Direktor des handelswissenschaftlichen Seminars an der Handels-Hochschule zu Berlin. Zweite, stark erweiterte und völlig umgearbeitete Auflage. In Leinwand gebunden Preis M. 7,—.

AEF

Verhandlungen des
Ausschusses für Einheiten und Formelgrößen
in den Jahren 1907 bis 1914

Herausgegeben im Auftrage des A E F
von
Dr. Karl Strecker

Springer-Verlag Berlin Heidelberg GmbH
1914

ISBN 978-3-662-22825-8   ISBN 978-3-662-24758-7 (eBook)
DOI 10.1007/978-3-662-24758-7

Inhaltsverzeichnis.

	Seite
1. Vorwort	3
2. Satzung	4
3. Die dem AEF angehörenden Vereine	5
4. Mitgliederverzeichnis des AEF	6
5. Geschäftsordnung des AEF	7
6. Sätze des AEF	8
7. Entwürfe des AEF	19
8. Aufgaben des AEF	40

AEF
Ausschuß für Einheiten und Formelgrößen
Verhandlungen in den Jahren 1907 bis 1914.

1. Vorwort.

Das Bedürfnis nach Verständigung über die wissenschaftliche Ausdrucksweise ist sehr alt. Man darf dazu schon die Gepflogenheit rechnen, wissenschaftliche Abhandlungen in lateinischer Sprache abzufassen. In dem Maße, wie sich dieser Brauch verlor und die lebenden Sprachen in der Wissenschaft benutzt wurden, wuchsen auch die Verschiedenheiten in den wissenschaftlichen Fachausdrücken und den zu ihrer Darstellung verwandten Formelzeichen.

Abgesehen von einigen älteren, von geringem Erfolg begleiteten Versuchen ist die erste wirkungsvolle Tat auf dem Wege, wieder zur Einheitlichkeit zu gelangen, auf dem Elektrischen Kongreß in Paris im Jahre 1881 vollbracht worden. Dort hat man die wichtigsten elektrischen Einheiten festgelegt und zwar international und sowohl nach Größe als auch nach Namen. Ein zweiter Versuch wurde 1893 auf dem Internationalen Elektrotechniker-Kongreß in Chicago gemacht; Hospitalier, ein Mann, der sich auf diesem Gebiete große Verdienste erworben hat, legte eine Liste von Einheits- und Formelzeichen vor, die durchaus zweckmäßig und umfassend genug schien. Obgleich sie von dem Kongreß angenommen und überall bekannt gemacht wurde, hat sie leider keinen rechten Anklang gefunden.

Im Jahre 1901 setzte der Elektrotechnische Verein einen „Unterausschuß für einheitliche Bezeichnungen" ein. Dieser veröffentlichte im Jahre 1902 seine ersten Vorschläge und lud zur Mitarbeit „alle Fachgenossen des In- und Auslandes und ebenso die verwandten Zweige der reinen und angewandten Naturwissenschaft, besonders die Physiker und die Ingenieure aller Zweige" ein.

Damit wurde zum ersten Male ein neuer Weg beschritten. Bisher waren stets einige Bevollmächtigte zusammengetreten und hatten im Verlaufe weniger Tage Beschlüsse gefaßt. Nunmehr sollten alle Fachkreise mitarbeiten und ihre langsam gereifte Meinung sollte den Ausschlag geben. Die Einladung des Elektrotechnischen Vereins war von Erfolg, wenn auch nicht im vollen Umfange. Das Ausland hielt sich im ganzen zurück und nur aus Österreich kam lebhafte Zustimmung; die deutschen Vereine nahmen die Angelegenheit günstig auf.

Infolgedessen begründeten bald hiernach, im Jahre 1907, auf Einladung des Elektrotechnischen Vereins zehn wissenschaftliche und Ingenieurvereine in Deutschland, Österreich und der Schweiz, d. i. der deutschredenden Länder, den „Ausschuß für Einheiten und Formelgrößen" zur Fortsetzung und Erweiterung der Arbeiten. Den zehn Vereinen sind inzwischen sechs weitere beigetreten.

Die Namen dieser Vereine, Ziel und Aufgabe des AEF, seine Arbeitsweise u. a. ergeben sich aus seiner Satzung und der Geschäftsordnung, welche im Nachstehenden mitgeteilt werden.

Der AEF ist nach dem Gesagten für das deutsche Sprachgebiet eingesetzt worden. Nachdem sich das fremdsprachliche Ausland ablehnend verhalten hatte, schien es wenig Aussicht zu bieten, eine internationale Verständigung zu erstreben; auch war auf dem Gebiet der deutschen Sprache genügend zu tun. Es wurde aber das ganze Gebiet der reinen und angewandten Naturwissenschaften einbezogen in der Erkenntnis, daß etwas Gründliches und Dauerndes nur geschaffen werden könne, wenn es auch zuglcich genügend umfassend sei. Zugleich wurde, wie aus dem § 6 der Satzung hervorgeht, die Ausdehnung auf internationale Verständigung vorbehalten.

Mit der Internationalen Elektrotechnischen Kommission, die infolge eines im Jahre 1904 auf dem Elektrotechniker-Kongreß in St. Louis gefaßten Beschlusses begründet wurde und ähnliche Aufgaben verfolgt, wie der AEF, ist eine Verständigung über die beiderseitigen Arbeiten, soweit sie gleiche Gegenstände betreffen, erzielt worden.

Bisher hat der AEF 18 Entwürfe fertiggestellt, von denen zurzeit sechs alle Beratungsstufen zurückgelegt haben und als „Sätze" feststehen. Mehrere von den anderen Entwürfen sind soweit gediehen, daß es möglich sein wird, auch sie als Sätze demnächst zu veröffentlichen. Zur Mitarbeit an diesen, wie besonders an den noch in Beratung und in Fluß befindlichen Entwürfen anzuregen und einzuladen, ist der vornehmlichste Zweck dieses Heftes.

Berlin, Oktober 1914.

Strecker.

2. Satzung.

§ 1.

Der Elektrotechnische Verein,
der Verband Deutscher Elektrotechniker,
der Verein Deutscher Ingenieure,
der Verband Deutscher Architekten- und Ingenieur-Vereine,
der Verein Deutscher Maschinen-Ingenieure,
die Deutsche Physikalische Gesellschaft,
die Deutsche Bunsen-Gesellschaft für angewandte physikalische Chemie,
der Österreichische Ingenieur- und Architekten-Verein,
der Elektrotechnische Verein in Wien,
der Schweizerische Elektrotechnische Verein,
gründen einen Ausschuß für Einheiten und Formelgrößen (AEF), dessen Aufgaben die folgenden sind:
1. Einheitliche Benennung, Bezeichnung und Begriffsbestimmung wissenschaftlicher und technischer Einheiten,
2. einheitliche Festsetzung der Zahlenwerte wichtiger Größen,
3. einheitliche Benennung und Begriffsbestimmung der in Formeln vorkommenden Größen, Aufstellung einheitlicher Zeichen für diese Größen,
4. sonstige einheitliche Abmachungen in Formfragen auf wissenschaftlichem Gebiete.

Die beteiligten Vereine werden die von diesem Ausschuß getroffenen Festsetzungen in ihren Vereins-Zeitschriften veröffentlichen und ihre Beachtung fördern.

§ 2.

Zu diesem Ausschuß ernennt jeder der beteiligten Vereine vier Mitglieder. Die Amtsdauer beträgt drei Jahre. Wiederernennung ist zulässig.

Die freiwillig oder durch den Tod ausscheidenden Mitglieder werden durch Neuwahl von ihren Vereinen ersetzt; das neue Mitglied wird für den Rest der Amtsdauer seines Vorgängers gewählt.

§ 3.

Der Ausschuß wählt alle drei Jahre aus seiner Mitte einen Vorsitzenden, einen stellvertretenden Vorsitzenden, einen Schriftführer und einen Kassenführer. Wiederwahl ist zulässig.

Der Ort der Verhandlungen ist in der Regel Berlin.

§ 4.

Der Ausschuß stellt seinen Arbeitsplan selbst auf.

Er bearbeitet die in Aussicht genommenen Aufgaben zunächst nach eigenem Ermessen und bringt seinen Entwurf in spruchreife Form.

Diese wird alsdann den Vereinen oder den von letzteren bezeichneten Vereinsorganen zur Beratung mitgeteilt und zugleich veröffentlicht.

Nach einer angemessenen, vom Ausschuß festgesetzten Frist teilt jeder Verein das Ergebnis seiner Beratung dem Ausschuß mit. Zur gleichen Frist kann auch jedes Mitglied der Vereine sich dem Ausschuß gegenüber zu den veröffentlichten Aufgaben und Entwürfen äußern.

Das Schlußergebnis der eingegangenen Antworten wird vom Ausschuß festgestellt und veröffentlicht.

§ 5.

Reichs- und Staatsbehörden können vom AEF zur Entsendung von Vertretern eingeladen werden, die ohne Stimmrecht an den Sitzungen und Beratungen teilnehmen.

§ 6.

Der Ausschuß wird ermächtigt, sich mit Vereinigungen anderer Länder, welche ähnliche Bestrebungen verfolgen, in Beziehung zu setzen, um auf gemeinsamen Gebieten einheitlich vorgehen zu können.

§ 7.

Der Ausschuß hat die Befugnis, zur Bearbeitung einzelner Aufgaben geeignete Mitarbeiter heranzuziehen (außerordentliche Mitglieder).

Ausscheidende Mitglieder können vom Ausschuß zu korrespondierenden Mitgliedern gewählt werden. Diese Mitglieder haben kein Stimmrecht; ihre Amtsdauer beträgt drei Jahre. Wiederwahl ist zulässig.

§ 8.

Die beteiligten Vereine behalten volle Freiheit, Aufgaben aus dem Arbeitsgebiet des AEF in Angriff zu nehmen. Die Ergebnisse dieser und früherer einschlägiger Arbeiten sind dem Ausschuß mitzuteilen.

§ 9.

Der Ausschuß gibt sich seine Geschäftsordnung selbst.

§ 10.

Das Urheberrecht des Ausschusses an seinen Veröffentlichungen hat der Vorsitzende auszuüben.

§ 11.

Der Ausschuß wählt alle drei Jahre einen der beteiligten Vereine zum geschäftsführenden Verein. Dieser hat auch für den Ausschuß die Kassen- und Bureaugeschäfte zu führen, die Mittel zur Bestreitung der Ausgaben des Ausschusses für Drucksachen, Schreibarbeiten, Porto u. dergl. vorzustrecken und am Schlusse des Jahres auf die beteiligten Vereine zu gleichen Teilen zu verteilen. Wiederwahl ist zulässig.

§ 12.

Die entstehenden Reisekosten fallen den einzelnen Vereinen je für die von ihnen ernannten Mitglieder zur Last.

§ 13.

Jeder der beteiligten Vereine hat das Recht, von der Teilnahme am AEF zurückzutreten.

§ 14.

Vereine aus dem Gebiete der reinen und angewandten Naturwissenschaften in Deutschland oder deutschredenden Ländern, welche an den Arbeiten des AEF teilzunehmen wünschen, können der Vereinigung beitreten.

Die Erklärung des Wunsches ist an den geschäftsführenden Verein zu richten, wird von diesem den Vereinen, die bisher die Vereinigung bilden, mitgeteilt und gilt als angenommen, wenn nicht binnen sechs Wochen Widerspruch erfolgt.

§ 15.
Änderungen dieser Satzung können von den beteiligten Vereinen mit zweidrittel Mehrheit beschlossen werden. Jeder Verein hat dabei eine Stimme.

Berlin, Wien, Zürich, 1. Februar 1907; Satzung geändert Juli 1911 und August 1914.

Elektrotechnischer Verein.
E. Warburg.
Verein Deutscher Ingenieure.
I. A.
Der Direktor
Th. Peters.
Verein Deutscher Maschinen-Ingenieure.
Wichert.   F. C. Glaser.
Deutsche Bunsen-Gesellschaft für angewandte physikalische Chemie.
W. Nernst.
Elektrotechnischer Verein in Wien.
L. Gebhard.

Verband Deutscher Elektrotechniker.
Kohlrausch.
Verband Deutscher Architekten- und Ingenieur-Vereine.
Reverdy.
Deutsche Physikalische Gesellschaft.
Dr. Max Planck.
Österreichischer Ingenieur- und Architekten-Verein.
Klaudy.
Schweizerischer Elektrotechnischer Verein.
A. Nizzola.

Dem Ausschuß für Einheiten und Formelgrößen sind auf Grund des § 14 vorstehender Satzung beigetreten:

Berlin, 1. November 1907.
Deutscher Verein von Gas- und Wasserfachmännern.
Nolte.
Charlottenburg, 31. Juli 1913.
Deutsche Beleuchtungstechnische Gesellschaft.
E. Warburg.
Berlin, 20. Dezember 1913.
Wissenschaftliche Gesellschaft für Flugtechnik.
Dr. von Böttinger.

Berlin, 13. Dezember 1909.
Verband Deutscher Zentralheizungsindustrieller.
Hermann Vetter.
Berlin, 1. August 1913.
Berliner Mathematische Gesellschaft.
Arthur Korn.
Berlin, 30. Dezember 1913.
Deutsche Chemische Gesellschaft.
W. Will.   A. Bennow.

3. Die dem AEF angehörenden Vereine.

	Name des Vereins	Mitgliederzahl am 1. 4. 1914	Abkürzung des Namens für das Mitgliederverzeichnis
1	Elektrotechnischer Verein	2 677	EV
2	Verband Deutscher Elektrotechniker	6 073	VDE
3	Verein Deutscher Ingenieure	24 561	VDI
4	Verband Deutscher Architekten- und Ingenieur-Vereine	9 805	VDAIV
5	Verein Deutscher Maschinen-Ingenieure	839	VMI
6	Deutsche Physikalische Gesellschaft	694	DPG
7	Deutsche Bunsen-Gesellschaft für angewandte physikalische Chemie	792	DBG
8	Österreichischer Ingenieur- und Architekten-Verein	3 444	ÖIAV
9	Elektrotechnischer Verein in Wien	1 469	EVW
10	Schweizerischer Elektrotechnischer Verein	1 087	SEV
11	Deutscher Verein von Gas- und Wasserfachmännern	1 080	DVGW
12	Verband Deutscher Zentralheizungsindustrieller	122	VDZ
13	Deutsche Beleuchtungstechnische Gesellschaft	250	DBTG
14	Berliner Mathematische Gesellschaft	310	BMG
15	Wissenschaftliche Gesellschaft für Flugtechnik	422	WGF
16	Deutsche Chemische Gesellschaft	3 400	DCG

Geschäftsführender Verein ist der Elektrotechnische Verein; Geschäftsstelle Berlin SW 11, Königgrätzer Straße 106.

4. Mitglieder des AEF.

	Name	Titel, Stand	Wohnort	ernannt von
		A. Ordentliche Mitglieder.		
1	Auerbach, Friedrich	Dr., Regierungsrat	Berlin-Halensee	DBG
2	Beck, H.	Dr., Professor	Charlottenburg	BMG
3	Beckmann, E.	Dr., Prof., Geh. Reg.-Rat	Berlin-Dahlem	DCG
4	Bendemann	Prof., Dr.-Ing.	Berlin-Adlershof	WGF
5	Bernhard, Karl	Regierungsbaumeister	Berlin	VDI
6	Le Blanc, M.	Dr., Professor	Leipzig	DBG
7	Bodenstein, Max	Dr., Professor	Hannover	DBG
8	Bredig, G.	Dr., Professor	Karlsruhe	DCG
9	Brodhun, E.	Dr., Prof., Geh. Reg.-Rat	Berlin-Grunewald	DBTG
10	Denzler, Albert	Dr., Ingenieur	Zürich	SEV
11	Dettmar, Georg	Generalsekretär des VDE	Berlin-Lichterfelde	VDE
12	Dolivo-Dobrowolsky, Mich.	Dr. Ing., Direktor	Berlin	VDE
13	Drehschmidt, Heinrich	Professor	Berlin-Tegel	DVGW
14	Eichberg, Friedrich	Dr.-Ing., Oberingenieur	Breslau	EVW
15	Eitner	Dr., Professor	Karlsruhe	DBTG
16	Emde, Fritz	Dr.-Ing., Professor	Stuttgart	EV
17	Engelhardt, Viktor	Dozent, Oberingenieur	Charlottenburg	ÖIAV
18	Franzius, Franz	Regierungsbaumeister Geschäftsführer des VDAIV	Berlin	VDAIV
19	Grube, Alfred	Regierungsbaumeister	Osnabrück	VDAIV
20	Haber, Fr.	Dr., Prof., Geh. Reg.-Rat	Berlin-Dahlem	DCG
21	Helm, F.	Prof., Dr.-Ing.	Braunschweig	VDALV
22	Heubach, F.	Dr., Professor	Dresden-Heidenau	EVW
23	Hochenegg, Karl	Prof., Hofrat	Wien	EVW
24	Jaeger, Wilhelm	Dr., Prof., Geh. Reg.-Rat	Berlin-Friedenau	DPG
25	Jahnke, E.	Dr., Professor	Berlin	DPG
26	Kloß, Max	Dr.-Ing., Prof.	Berlin-Nikolassee	EV
27	Kobes, Karl	Dr.-Ing., Prof.	Wien	ÖIAV
28	Korn, Arthur	Dr., Professor	Charlottenburg	BMG
29	Krauß, Fritz	Inspektor	Wien	ÖIAV
30	Krüß, Hugo	Dr.	Hamburg	DVGW
31	Lindley, Sir W. H.	Baurat	Frankfurt a. M.	DVGW
32	Loch	Regierungs- u. Baurat	Berlin	VDM
33	Martens, Friedr. Fr.	Dr., Professor	Berlin	DBTG
34	Mayer, Max	Dr.	Berlin-Tempelhof	DBTG
35	Messerschmidt, B.	Regierungs- u. Baurat	Berlin-Friedenau	VDM
36	Meyer, Diedrich	Direktor des VDI	Berlin	VDI
37	Meyer, Eugen	Dr., Professor	Charlottenburg	VDI
38	Müller-Breslau	Dr.-Ing., Prof., Geh. Reg.-Rat	Berlin-Grunewald	VDAIV
39	Mylius, F.	Dr., Prof., Geh. Reg.-Rat	Charlottenburg	DCG
40	Neesen, Friedrich	Dr., Prof., Geh. Reg.-Rat	Berlin	DPG
41	Niethammer, F.	Dr., Professor	Brünn	EVW
42	Nordmann, Hans	Regierungsbaumeister	Berlin-Steglitz	VDM
43	v. Parseval, A.	Dr.-Ing., Prof., Maj. z. D.	Charlottenburg	WGF
44	Peter, O.	Regierungsbaumeister	Ostrowo	VDM
45	Reithoffer, Max	Dr., Professor	Wien	ÖIAV
46	Reutti, Karl	Direktor des VDZ	Berlin	VDZ
47	Romberg, F.	Professor	Berlin-Nikolassee	WGF
48	Rößler, G.	Dr, Professor	Danzig	VDE
49	Scheel, Karl	Dr., Professor	Berlin-Lichterfelde	DPG
50	Schlenk, G.	Dr., Prof., Ob.-Inspektor	Wien	EVW
51	Schüler, Leo	Generalsekretär des EV	Berlin	EV
52	Schweitzer	Dr., Professor	Zürich	SEV
53	Seyffert, Max	Redakteur	Berlin	VDI
54	Strecker, Karl	Dr., Prof., Geh. Ober-Postrat	Berlin	EV
55	Sulzberger, Karl	Dr., Oberingenieur	Charlottenburg	SEV
56	Teichmüller, Joachim	Dr., Professor	Karlsruhe	VDE
57	Wagner, Julius	Dr., Professor	Leipzig	DBG
58	Wagner, K. W.	Dr., Professor	Berlin-Lankwitz	BMG
59	Weber, M.	Professor	Berlin-Nikolassee	WGF
60	Witt, G.	Dr., Privatdozent	Berlin	BMG

	Name	Titel, Stand	Wohnort
	B. Korrespondierende Mitglieder.		
1	Görges, H.	Prof., Geh. Hofrat	Dresden
2	Luther, R.	Dr., Professor	Dresden
3	Nernst, Walter	Dr., Prof., Geh. Reg.-Rat	Berlin
4	Rubens, Heinrich	Dr., Prof., Geh. Reg.-Rat	Berlin
5	Wien, Max	Dr., Professor	Jena
6	Zehme, E. C.	Privatdozent, Redakteur	Berlin
	C. Außerordentliche Mitglieder.		
1	Breisig, Franz	Dr., Professor	Berlin
2	Orlich, Ernst	Dr., Professor	Berlin-Zehlendorf
3	Richter, Rudolf	Professor	Karlsruhe
4	Rogowski, W.	Dr.-Ing.	Charlottenburg

5. Geschäftsordnung.

I. Zusammensetzung des Ausschusses.

§ 1.

Der Vorsitzende, der stellvertretende Vorsitzende, der Schriftführer und der Kassenführer bilden den Vorstand des Ausschusses.

§ 2.

Anträge auf Heranziehung außerordentlicher Mitglieder sind an den Vorsitzenden zu richten. Die Abstimmung über die Wahl des Mitgliedes und die endgültige Festsetzung der Aufgabe erfolgt in der nächsten Sitzung. Der Gewählte hat beratende Stimme, sein Auftrag erlischt, sobald die gestellte Aufgabe erledigt ist, spätestens indes drei Jahre nach seiner Wahl.

§ 3.

Die korrespondierenden Mitglieder erhalten die Schriftstücke und werden zu den Sitzungen eingeladen.

II. Verhandlungen und Sitzungen.

§ 4.

Jeder Gegenstand aus dem Arbeitsgebiet des AEF wird in zwei Lesungen beraten. Das Ergebnis der ersten Lesung ist den Mitgliedern zur Äußerung mitzuteilen, und die zweite Lesung darf erst stattfinden, nachdem eine zur Äußerung ausreichende Frist verstrichen ist. Die Abstimmung erfolgen stets mündlich. Beschlüsse über wichtigere Angelegenheiten dürfen nur mit überwiegender Mehrheit gefaßt werden; bei minder wichtigen Angelegenheiten genügt die einfache Mehrheit.

§ 5.

Zur Beratung einzelner Fragen, die einen Teil des Arbeitsplanes des Ausschusses bilden, können Teilsitzungen einberufen werden, an denen nur diejenigen Ausschußmitglieder teilnehmen, welche an der zu beratenden Frage am nächsten beteiligt sind.

§ 6.

Die Einladungen zu den Sitzungen werden vom Vorsitzenden spätestens 14 Tage vorher erlassen. Bei der Einladung ist die Tagesordnung mitzuteilen; letztere kann noch bis fünf Tage vor der Sitzung ergänzt werden. Bei jedem Punkt der Tagesordnung ist anzugeben, ob es sich um die erste oder die zweite Lesung handelt.

Eine Sitzung muß einberufen werden, wenn dies von mindestens sechs Ausschußmitgliedern beantragt wird; die Frist vom Eingang des Antrags bis zur Sitzung darf nicht mehr als vier Wochen betragen.

Zu einer Teilsitzung kann auch der mit der Bearbeitung der Frage beauftragte Berichter (§ 8) einladen. Zu den Teilsitzungen ist stets der Vorsitzende einzuladen.

§ 7.

Über jede Sitzung ist ein Bericht zu erstatten, welcher die Namen der Anwesenden, die behandelten Fragen und die Ergebnisse der Beratung mit Begründung enthält. Der Entwurf zu diesem Bericht ist spätestens 8 Tage nach der Sitzung dem Vorsitzenden des Ausschusses vorzulegen. Er gilt als festgestellt, wenn von den Mitgliedern, die an der Sitzung teilgenommen haben, binnen 14 Tagen nach der Zustellung kein Widerspruch erhoben wird.

Für die allgemeinen Sitzungen liegt dem Schriftführer, für die Teilsitzungen dem Einberufenden die Sorge für die Berichterstattung ob.

§ 8.

Für jede zu bearbeitende Aufgabe werden ein erster und ein zweiter Berichter ernannt, welche einen zur Beratung im Ausschusse geeigneten Vorschlag auszuarbeiten haben. Für umfangreichere Aufgaben kann ein Unterausschuß aus mehr als zwei Personen eingesetzt werden.

Nach dem Ergebnis der Beratung wird der Vorschlag in eine Form gebracht, in der er zur Beratung durch die beteiligten Vereine geeignet ist. In dieser Form wird er dem Ausschuß zur Genehmigung vorgelegt.

Ist die Genehmigung erteilt, wird der genehmigte Entwurf den beteiligten Vereinen zur Beratung und zum Abdruck in den Vereinszeitschriften mitgeteilt.

§ 9.

Die von den Vereinen eingehenden Bearbeitungen werden vom Vorsitzenden den Berichtern zugewiesen. Die letzteren haben so genau, als es die Umstände zulassen, die Ansicht der Mehrheit zu den Vorschlägen des Ausschusses zu ermitteln, und im übrigen einen schriftlichen Bericht zu erstatten, der vollständig oder auszugsweise veröffentlicht wird, nachdem er vom Ausschuß genehmigt worden ist. Die Veröffentlichung erfolgt unter den Namen der beiden Berichter. Die Druckerlaubnis erteilt der Vorsitzende des Ausschusses.

III. Geschäftsführung.

§ 10.

Das Geschäftsjahr des Ausschusses ist das Kalenderjahr.

§ 11.

Anträge auf Bewilligung von Kosten sind an den Vorsitzenden zu richten. Soweit es zur Beschleunigung der Arbeiten erforderlich ist, kann der Vorsitzende den ersten Berichtern bestimmte Beträge für die Herstellung von Abschriften und Versendung von Schriften im Voraus zur Verfügung stellen.

§ 12.

Der stellvertretende Vorsitzende tritt für den Vorsitzenden in Fällen der Verhinderung ein.

Der Vorsitzende kann bestimmte seiner Geschäfte zur regelmäßigen Erledigung an den stellvertretenden Vorsitzenden abgeben.

Dies muß durch eine schriftliche Erklärung zu den Akten geschehen.

6. Sätze des AEF nebst Erläuterungen.

Satz I. Der Wert des mechanischen Wärmeäquivalents.
Satz II. Leitfähigkeit und Leitwert.
Satz III. Temperaturbezeichnungen.

Satz IV. Einheit der Leistung.
Formelzeichen des AEF, Liste 1 und 2.
Zeichen für Maßeinheiten.

Satz I. Der Wert des mechanischen Wärmeäquivalents.
(April 1910.)

1. Der Arbeitswert der 15°-Grammkalorie ist $4,189 \cdot 10^7$ Erg.
2. Der Arbeitswert der mittleren (0° bis 100°)-Kalorie ist dem Arbeitswert der 15°-Kalorie als gleich zu erachten.
3. Der Zahlenwert der Gaskonstante ist: $R = 8,316 \cdot 10^7$, wenn als Einheit der Arbeit das Erg gewählt wird; $R = 1,985$, wenn als Einheit der Arbeit die Grammkalorie gewählt wird.
4. Das Wärmeäquivalent des internationalen Joule ist 0,23865 15°-Grammkalorie.
5. Der Arbeitswert der 15°-Grammkalorie ist 0,4272 kgm, wenn die Schwerkraft bei 45° Breite und an der Meeresoberfläche zugrunde gelegt wird.

Erläuterungen
von Karl Scheel und R. Luther.
(Juni 1908.)

In einer ausführlichen kritischen Untersuchung über die Wärmeeinheit gelangte vor nahezu einem Jahrzehnt Warburg[1]) zu dem Resultat, man solle als praktische Wärmeeinheit die 15°-Kalorie, das heißt diejenige Wärmemenge festsetzen, welche 1 g Wasser von 14½ auf 15½° nach dem Wasserstoffthermometer erwärmt. Sein Vorschlag gründete sich auf die Tatsachen, daß die Temperaturvariation der spezifischen Wärme des Wassers in der Nähe von 15° am meisten bekannt und außerdem nur klein sei, ferner, daß 15° der Zimmertemperatur sehr nahe liege, endlich, daß die 15°-Kalorie bereits von mehreren Seiten vorgeschlagen, sowie benutzt worden sei und darum am meisten auf allgemeine Annahme rechnen könne.

Die letzten Jahre haben dem Vorschlag Warburgs fast durchweg zur Geltung verholfen. Die Aufgabe, die Beziehung der Wärmeeinheit zur Arbeitseinheit nach dem heutigen Stande der Wissenschaft zu fixieren, läßt sich also dahin präzisieren, das Verhältnis der 15°-Kalorie zur Arbeitseinheit festzulegen. Die Durchführung dieser Aufgabe wird dadurch erleichtert, daß die neueren Bestimmungen des mechanischen Wärmeäquivalents sich entweder bereits direkt auf diese Temperatur beziehen, oder sich leicht darauf reduzieren lassen.

Neben der 15°-Kalorie verdient auch die mittlere Kalorie, das heißt der hundertste Teil derjenigen Wärmemenge, die 1 g Wasser von 0° auf 100° erwärmt, einige Beachtung. Ihr idealer Vorteile besteht darin, daß sie unabhängig von jeder Thermometrie ist und nur die Kenntnis des Eis- und Siedepunktes des Wassers erfordert. Auch für diese Kalorie liegen einige einwandfreie Bestimmungen des mechanischen Wärmeäquivalentes vor. Es wird deshalb nützlich sein, auch hierauf kurz einzugehen.

I. Arbeitswert der 15°-Kalorie.

Ein großer Teil der Bestimmungen des Arbeitswertes der 15°-Kalorie ist leider wertlos geworden, weil der thermometrische Teil der Untersuchungen den heutigen Forderungen nicht mehr entspricht. Auch die sorgfältigen Versuche Joules halten in dieser Richtung der Kritik nicht stand, obgleich mehrfach versucht worden ist, seine Temperaturangaben zu verbessern. Nur diejenigen Bestimmungen sind als einwandfrei zu erklären, welche sich auf eine wohldefinierte Temperaturskala beziehen, so daß ihre Umrechnung auf die international als gültig angenommene Wasserstoffskala vorgenommen werden kann. Bei dieser Einschränkung kommen für die Ableitung des wahrscheinlichsten Wertes des mechanischen Wärmeäquivalentes nur noch die Untersuchungen von Rowland, Miculescu, Griffiths, Schuster und Gannon, und Barnes in Frage, deren Resultate im folgenden wiedergegeben werden sollen.

Soweit die Resultate der genannten Experimentatoren sich nicht schon auf 15° und auf die Wasserstoffskala beziehen, bedürfen sie kleiner Reduktionen, die vorweg erörtert werden mögen.

Die spezifische Wärme des Wasser variiert wie schon oben hervorgehoben, in der Nähe von 15° nur sehr wenig. Berücksichtigen wir auch hier nur solche Bestimmungen, denen eine wohldefinierte Temperaturskala zugrunde liegt, so kennen wir, bezogen auf 15° als Einheit, folgende Werte:

---

[1]) E. Warburg, Referat über die Wärmeeinheit, erstattet in der gemeinschaftlichen Sitzung der Sektionen für Physik und angewandte Mathematik und Physik am 22. IX. 1899 auf der Naturforscherversammlung zu München 19 S. Leipzig. Johann Ambrosius Barth, 1900.

Temperatur	Rowland[1]	Bartoli u. Stracciati[2]	Lüdin[3]	Barne[4]	Griffiths[5]	Mittel
10°	1,0019	1,0017	1,0010	1,0020	1,0014	1,0016
15°	1	1	1	1	1	1
20°	0,9986	0,9994	0,9994	0,9987	0,9987	0,9990

Die Werte stimmen für den vorliegenden Zweck genügend überein. Aus dem Mittel leitet man als Reduktionsfaktor ab:

von 11,5 auf 15° (Miculescu)
$$\frac{1}{1,0011} = 0,9989,$$
„ 19,1 „ 15° (Schuster u. Gannon)
$$\frac{1}{0,9992} = 1,0008.$$

Die Reduktion der Stickstoffskala auf die Wasserstoffskala beträgt nach Chappuis[6]

bei 10° $t_H - t_N = -0,006°$,
„ 15° $-0,008°$,
„ 20° $-0,010°$.

Ein Grad der Wasserstoffskala ist also in der Nähe von 15° um 0,0004° größer als ein Grad der Stickstoffskala. Beim Übergang von der Stickstoff- zur Wasserstoffskala ist somit der Arbeitswert einer Kalorie mit 1,0004 zu multiplizieren. Die Skala des Luftthermometers ist innerhalb der hier in Frage kommenden Grenzen der Stickstoffskala gleich zu erachten.

Wenden wir uns jetzt zu den einzelnen Beobachtungsergebnissen:

1. **Rowland**[7]. Die Werte Rowlands sind aus Versuchen über mechanische Reibung von Wasser abgeleitet. Der thermometrische Teil der Arbeit ist sorgfältig ausgeführt, und die Temperaturangaben sind in einer „absoluten" Skala angegeben; indessen entspricht die Berechnung der Temperaturen nicht den heute geltenden Grundsätzen. Hierauf hat schon Pernet[8] hingewiesen, der auch versuchte, e Rowlandschen Beobachtungen dieserhalb zu korrigieren. Später haben Waidner und Mallory[9] die von Rowland benutzten Thermometer unter denselben Bedingungen, wie sie Rowland verwendete, an die internationale Skala angeschlossen und damit die Rowlandschen Beobachtungen streng reduzierbar gemacht. Sie leiten für die 15°-Kalorie den Wert $4,187 \cdot 10^7$ Erg ab, gültig für die Stickstoffskala, woraus sich nach den obigen Ausführungen für die Wasserstoffskala der Wert $4,189 \cdot 10^7$ Erg berechnet. Die Reduktion der Rowlandschen Thermometer auf die Wasserstoffskala durch Day[1] hatte kurz zuvor den nahezu identischen Wert $4,188 \cdot 10^7$ Erg ergeben. Berücksichtigt man, daß Rowlands Wert der 15°-Kalorie als $1/10$ der Wärmemenge berechnet wurde, die nötig ist, um 1 g Wasser von 10° auf 20° zu bringen, so sind beide Werte um $1\frac{1}{2}$ Einheiten der letzten angegebenen Ziffer zu verkleinern. Man hat somit schließlich als Rowlandschen Wert der 15°-Kalorie

$$4,187 \cdot 10^7 \text{ Erg}$$

anzusetzen.

2. **Miculescu**[2]. Auch Miculescu bestimmte den Arbeitswert der Kalorie mechanisch und zwar mit einer hohen Betriebskraft. Das Kalorimeter wurde von einer solchen Menge Kühlwasser umflossen, daß seine Temperatur konstant blieb. Der Temperaturunterschied des ein- und austretenden Wassers wurde durch ein Thermoelement gemessen, das an ein Tonnelotsches Thermometer angeschlossen war. Die Beobachtungstemperaturen lagen zwischen 10 und 13°, betrugen also im Mittel 11,5°. Bezogen auf das Luftthermometer wird der Arbeitswert einer solchen Kalorie zu $4,1857 \times 10^7$ Erg gefunden, woraus sich der Arbeitswert der 15°-Kalorie in der Wasserstoffskala zu $4,1857 \cdot 10^7 \cdot 0,9989 \cdot 1,0004$ gleich

$$4,183 \cdot 10^7 \text{ Erg}$$

ergibt.

3. **Griffiths**[3]. Die Messungen erfolgten nach der elektrischen Methode dergestalt, daß die Potentialdifferenz eines das Kalorimeter durchfließenden Heizstromes konstant gehalten und während des Stromdurchganges der Widerstand des Leiters gemessen wurde. Der Wasserwert des Kalorimeters wurde durch Wahl verschiedener Mengen der Wasserfüllung eliminiert. Die Versuchsergebnisse sind mit der Darstellung der spezifischen Wärme des Wassers zwischen den Temperaturgrenzen des Experiments 14 und 26° durch die Interpolationsformel $1 - 0,000266 \cdot (t - 15)$ vereinbar und liefern für die Wärmeäquivalent der 15°-Kalorie, bezogen auf das Luftthermometer, den Wert $4,1982 \cdot 10^7$ Erg. Der Messung der EMK liegt als Einheit diejenige der Cambridge Standard Clark-Elementes zugrunde, welche bei 15° gleich 1,4342 V angenommen wurde. Da aber nach den Messungen von Kahle[1] hierfür 1,4329 zu setzen ist, so wird nach Griffiths der Arbeitswert der 15°-Kalorie, bezogen auf die Wasserstoffskala

$$4,1982 \cdot \left(\frac{1,4329}{1,4342}\right)^2 \cdot 1,0004, \text{ gleich}$$

$$4,192 \cdot 10^7 \text{ Erg}.$$

4. **Schuster und Gannon**[5]. Die benutzte Methode ist ebenfalls die elektrische, und zwar wurde wieder die Potentialdifferenz des Heizstromes konstant gehalten, während als zweites Element die Stärke des Stromes mit dem Silbervoltameter ermittelt wurde. Als Endresultat wird der Arbeitswert der Kalorie

---

[1] Henry A. Rowland, Proc. Amer. Acad. (N. S.) 7. 1880. S. 75 bis 200; umgerechnet von Charles W. Waidner und Francis Mallory. Phys. Rev.. 8. 1899. S. 193 bis 236.
[2] A. Bartoli u. E. Stracciati, Cim., (3.) 34. 1893. S. 64 bis 67.
[3] E. Lüdin, Mitt. Naturw. Ges. Winterthur, Heft 2. S.-A. 13 S., 1900.
[4] Howard Turner Barnes, Phil. Trans. (A). 199. 1900. S. 149 bis 263.
[5] E. H. Griffiths, Phil. Trans. (A). 184. 1893. S. 361 bis 504. Proc. Roy. Soc., 55, 1893. S. 23 bis 26. Phil. Mag. (5), 40, 1895. S. 431 bis 454.
[6] P. Chappuis, Trav. et Mém. du Bureau international des Poids et Mesures, 6. 1888, S. 119.
[7] Henry A. Rowland, Proc. Amer. Acad. (N. S.) 7. 1880. S. 75 bis 200.
[8] Johann Pernet, Vierteljahrsschrift Naturf. Ges. Zürich, 41. 1896, S. 121 bis 148.
[9] Charles W. Waidner und Francis Mallory, Phys. Rev., 8. 1899, S. 193 bis 236.

[1] W. S. Day, Phys. Rev., 6. 1898, S. 103 bis 222. Phil. Mag. (5), 46. 1898. S. 1 bis 20.
[2] Constantin Miculescu. Journ. de phys. (3), 1. 1892, S. 104 bis 120; Ann. chim. phys., (6), 27, 1892. S. 202 bis 238.
[3] E. H. Griffiths. Phil. Trans. (A), 184. 1893, S. 361 bis 504. Proc. Roy. Soc., 55, 1893. S. 23 bis 26. Phil. Mag., (5), 40, 1895. S. 431 bis 454.
[4] Vgl. Phys. Rev., 8, 1899, S. 234.
[5] Arthur Schuster und William Gannon. Proc. Roy. Soc., 57, 1894. S. 25 bis 31. Phil. Trans. (A), 186. 1894. S. 415 bis 467.

bei 19,1° in der Wasserstoffskala zu 4,1917 . 10^7 Erg angegeben. Dieser Wert ist aus dem gleichen Grunde wie derjenige von Griffiths wegen der EMK des Clark-Elementes zu reduzieren, und es ergibt sich schließlich der Arbeitswert der 15°-Kalorie gleich

$$4{,}1917 \cdot \left(\frac{1{,}4329}{1{,}4342}\right) \cdot 1{,}0008 \text{ oder}$$
$$4{,}191 \cdot 10^7 \text{ Erg.}$$

5. (Callendar-)Barnes[1]). Ein konstanter Wasserstrom fließt durch eine von einem Vakuummantel umgebene Röhre und wird durch einen konstanten elektrischen Strom erwärmt, der durch einen in der Achse der Röhre liegenden Draht fließt. Die elektrische Energie wurde aus der Potentialdifferenz an den Enden des Heizdrahtes und aus seinem Widerstand, die Wärmemenge aus der Menge des durchfließenden Wassers und der Temperaturdifferenz des zu- und abfließenden Wassers ermittelt. Als Resultat ergab sich der Wert der 15°-Kalorie in der Skala des Stickstoffthermometers, bezogen auf die angenommene EMK des Clark-Elementes bei 15° gleich 1,43325 V zu 4,1840 . 10^7 Erg. Umgerechnet auf die elektrodynamometrisch gemessene EMK des Clark-Elementes bei 15° gleich 1,4334 V folgt daraus der Wert der 15°-Kalorie in der Wasserstoffskala gleich $4{,}1840 \cdot \left(\frac{1{,}4334}{1{,}43325}\right)^2 \cdot 1{,}0004$ oder 4,186 . 10^7 Erg. Eine geringfügige, die Berechnung des Wärmeverlustes betreffende Korrektur von Callendar erhöht diesen Wert noch um eine Einheit der letzten angegebenen Ziffer auf

$$4{,}187 \cdot 10^7 \text{ Erg.}$$

Es stehen somit folgende fünf Werte der Arbeitsgröße der 15°-Kalorie zur Vergleichung:

Rowland	4,187 . 10^7 Erg
Miculescu	4,183 ,,
Griffiths	4,192 ,,
Schuster u. Gannon	4,191 ,,
(Callendar-)Barnes	4,187 ,,

Bei der Ableitung eines Schlußresultates ist zu berücksichtigen, daß der Wert von Miculescu ganz auszuschließen ist, weil dieser bei seinen Versuchen den Wärmeverlust nicht berücksichtigt und die Länge seines Bremshebels mangelhaft definiert ist. Auch der Wert von Schuster und Gannon ist wegen geringer Anzahl der Einzelversuche und nicht genügender Variation der Versuchsbedingungen nicht mit vollem Gewicht zu bewerten. Dasselbe gilt von Griffiths wegen der Unsicherheit betr. die Temperatur des Heizdrahtes. Das größte Gewicht kommt den Zahlen von Rowland und (Callendar-)Barnes zu. Alles in allem ergibt sich somit als zurzeit wahrscheinlichster Wert der Arbeitsgröße der 15°-Kalorie

$$4{,}188 \cdot 10^7 \text{ Erg,}$$

ein Wert, der zufällig mit dem Mittel der fünf Einzelbeobachtungen übereinstimmt. Sein wahrscheinlicher Fehler darf mit ± 0,002 . 10^7 Erg bewertet werden.

II. Arbeitswert der mittleren (0 bis 100°)-Kalorie.

1. Reynolds und Moorby[2]). Ein Wasserstrom von 0° fließt durch das Bremsdynamometer einer 100-pferdigen Dampfmaschine und verläßt dasselbe mit der Temperatur 100°. Es ergibt sich die mittlere Kalorie zu

$$4{,}183 \cdot 10^7 \text{ Erg.}$$

2. Barnes[1]). Die Versuche, über die schon oben referiert wurde, wurden nicht nur für die 15°-Kalorie, sondern von 5 bis 95° von 5 zu 5° angestellt. Der Mittelwert aller Ergebnisse wird zu 4,1833 . 10^7 Erg angegeben. Unter Berücksichtigung von Werten bei 0° und 100° berechnet sich hieraus der Arbeitswert der mittleren Kalorie gleich

$$4{,}186 \cdot 10^7 \text{ Erg.}$$

3. Dieterici[2]). Die einem Eiskalorimeter zugeführte elektrische Energie wurde aus Spannungsmessungen abgeleitet. Unter der Annahme von 15,491 mg Hg als Eiskalorimeterkonstante, welche Dieterici selbst direkt bestimmt hatte, wurde der Arbeitswert der mittleren Kalorie zu

$$4{,}192 \cdot 10^7 \text{ Erg}$$

gefunden.

Die drei Werte für die mittlere Kalorie stimmen leidlich gut miteinander überein. Ihr Mittelwert 4,187 . 10^7 Erg, dessen wahrscheinlicher Fehler vielleicht gleich ± 0,004 . 10^7 Erg gesetzt werden darf, ist dem angenommenen Werte des Arbeitswertes der 15°-Kalorie innerhalb des wahrscheinlichen Fehlers dieses Verhältnisses gleich. Bis weitere Versuche vorliegen, wird man deshalb den Arbeitswert der mittleren Kalorie gleich demjenigen der 15°-Kalorie anzusehen haben.

Bericht über die Äußerungen der Vereine und Einzelpersonen zum Entwurf über den Wert des mechanischen Wärmeäquivalents

von K. Scheel und J. Obergethmann.

Der Entwurf ist im Elektrotechnischen Verein in der Sitzung vom 24. II. 1909 Gegenstand einer eingehenden Diskussion gewesen; ferner haben sich dazu geäußert die Elektrotechnische Gesellschaft Frankfurt a. M., die Elektrotechnischen Vereine Breslau und Mannheim-Ludwigshafen, der Württembergische Elektrotechnische Verein, 26 Bezirksvereine des Vereins Deutscher Ingenieure, die Deutsche Physikalische Gesellschaft, die Deutsche Bunsen-Gesellschaft, der Verein Deutscher Maschinen-Ingenieure, der Verband Deutscher Architekten- und Ingenieur-Vereine, endlich Herr Hausding.

Die Äußerungen waren im allgemeinen zustimmend; wo abweichende Ansichten zutage getreten sind, ist es im folgenden bemerkt:

1. Herr Diesselhorst hat im Elektrotechnischen Verein („ETZ" 1909, S. 337 bis 339) hervorgehoben, daß seit Abfassung des Referates von Scheel und Luther einige neue absolute Bestimmungen elektrischer Einheiten ausgeführt wurden, die eine Revision des Wertes 4,189 . 10^7 Erg erfordern. Ohne auf Einzelheiten einzugehen, gibt Herr

---

[1]) Howard Turner Barnes, Phil. Trans. (A) 199, 1902, S. 149 bis 263. Vgl. auch Hugh L. Callendar. Phil. Trans. (A), 199, 1902, S. 55 bis 148.
[2]) Osborne Reynolds und W. H. Morby, Proc. Roy. Soc. 61, 1897, S. 293 bis 296.

[1]) Howard Turner Barnes, Phil. Trans. (A) 199, 1902, S. 149 bis 263.
[2]) C. Dieterici, Ann. d. Phys. (4) 16, 1905, S. 593 bis 620.

Diesselhorst als besseren Wert $4,187 \cdot 10^7$ Erg an. Diese Zahl ist aber nur um eine Einheit der letzten Stelle kleiner als der von Scheel und Luther als zur Zeit wahrscheinlichster Wert der Arbeitsgröße der 15^0-Kalorie abgeleitete Wert $4,188 \cdot 10^7$ Erg. Nachdem schon früher der AEF der Zahl 4,189 an Stelle von 4,188 den Vorzug gegeben hatte, weil hierdurch die Kontinuität mit früheren Festsetzungen der Deutschen Bunsen-Gesellschaft, sowie mit einem allgemeineren Gebrauch gewahrt blieb, werden auch in bezug auf den Diesselhorstschen Wert 4,187 ähnliche Erwägungen Platz greifen müssen. Es wird sich also empfehlen, als Arbeitswert der 15^0-Kalorie nach wie vor $4,189 \cdot 10^7$ Erg festzusetzen, womit sich übrigens auch Herr Diesselhorst einverstanden erklärt hat.

Die von mehreren Seiten gewünschte Änderung der Benennung Kalorie in Wärmeeinheit kann nicht befürwortet werden. Wärmeeinheit ist kein Name, sondern ein allgemeiner Begriff und ist als Bezeichnung einer bestimmten Einheit so wenig brauchbar, wie etwa Längeneinheit, Gewichtseinheit usw. Zudem ist Kalorie für internationale Verständigung geeignet, Wärmeeinheit dagegen nicht. (Vgl. hierzu auch die Erläuterungen zum Entwurf VII, Einheitsbezeichnungen, Nr. 12, Seite 26.)

2. Gegen den zweiten Satz, daß der Arbeitswert der mittleren Kalorie demjenigen der 15^0-Kalorie als gleich zu erachten sei, sind Einwendungen nicht erhoben.

3. Die Gaskonstante ist bei Wahl des Erg als Arbeitseinheit auf Wunsch der Deutschen Physikalischen Gesellschaft als $R = 8,316 \cdot 10^7$ statt $0,8316 \cdot 10^8$ geschrieben.

4. Herr Diesselhorst hat in der im Elektrotechnischen Verein stattgehabten Diskussion (vgl. „ETZ" 1909, S. 337 bis 339, wo die einzelnen Daten nachzulesen sind) hervorgehoben, daß man zwischen internationalem Watt und wahren Watt zu unterscheiden habe, und die Beziehung abgeleitet

1 intern. Wattsekunde $= (1 - 0,0003) 10^7$ Erg
$$= \frac{1 - 0,0003}{4,189} \text{ Kal}^{15}.$$

Im weiteren Verlauf der Diskussion schlug dann Herr Warburg vor, die frühere Fassung des Satzes 4 durch eine Angabe über das Wärmeäquivalent der internationalen Wattsekunde zu ersetzen. Diesem Vorschlag ist durch die neue Fassung des Satzes 4 Rechnung getragen. Der Zahlenwert der Konstanten 0,2387 wird hierdurch nur um eine halbe Einheit der letzten Stelle geändert.

5. Die Angabe unter Nr. 5 entspricht einem von vielen Vereinen geäußerten Wunsche. Eine Überschlagsrechnung zeigt übrigens, daß der abgerundete Wert 0,427 kgm für die meisten in Frage kommenden Orte der Erdoberfläche (zwischen 40^0 und 60^0 Breite und Erhebungen von 1000 m Höhe über dem Meeresspiegel) zutrifft, falls man die Schwerkraft nicht auf 45^0 Breite und Meeresoberfläche, sondern auf den Ort der Beobachtung bezieht.

Satz II. **Leitfähigkeit und Leitwert.**
(April 1910).

Das Reziproke des Widerstandes heißt Leitwert, seine Einheit im praktischen elektromagnetischen Maßsystem Siemens; das Zeichen für diese Einheit ist S.
Das Reziproke des spezifischen Widerstandes heißt Leitfähigkeit oder spezifischer Leitwert.

Erläuterungen
von J. Teichmüller und M. Wien.
(Juni 1908).

Daß der Begriff des elektrischen Widerstandes (und des spezifischen elektrischen Widerstandes) uns im allgemeinen so viel geläufiger ist als der des elektrischen Leitwertes (und des spezifischen elektrischen Leitwertes) kann im wesentlichen nur historisch erklärt werden, denn weder verdient vom wissenschaftlichen Standpunkte aus der eine der beiden Begriffe den Vorzug, noch kann man allgemein behaupten, daß der eine oder der andere anschaulicher oder bei den Berechnungen bequemer wäre.

Es ist ebenso bequem, das Ohmsche Gesetz in der Form $E : I = W$, wie in der Form $E \cdot F = I$ auszudrücken. Gewisse Rechnungen lassen sich bequemer mit Widerständen, andere bequemer mit Leitwerten ausführen. Als einfachste typische Beispiele mögen die Sätze dienen, daß Widerstände in Reihenschaltung sich durch einfache Addition zusammensetzen, und andererseits bei Parallelschaltung Leitwerte einfach zu addieren sind, um den Gesamtleitwert einer Kombination zu ergeben. Der Vorteil, in letzterem Falle mit Leitwerten zu rechnen, springt wohl am deutlichsten in die Augen, wenn die Aufgabe gegeben ist, den Meßbereich eines Strommessers durch eine Nebenschließung auf ein bestimmtes Maß zu erhöhen; die noch weit verbreitete Gewohnheit, hierbei mit Widerständen zu rechnen, ist ebenso verkehrt, als wenn man bei der verwandten Aufgabe, den Meßbereich eines Spannungsmessers durch Vorschaltung zu vergrößern, mit Leitwerten rechnen wollte. Bei den verwickelteren Beziehungen in Wechselstromkreisen kann der Vorteil einer strengen Unterscheidung beider Rechnungsarten in bestimmten Fällen noch mehr empfunden werden.

In bezug auf die Anschaulichkeit würde man wohl sicherlich dem Leitwert den Vorzug zuerkennen, wenn die Gewohnheit uns nicht auf den anderen Weg geführt hätte, denn die Güte eines leitenden Körpers, zum mindesten im technischen Sinne, liegt in seinem spezifischen Leitwert und nicht im Reziproken hiervon. Als Beweis hierfür dürfte die Tatsache zu betrachten sein, daß in der Technik und im Handel die Güte eines Leitungskupfers heute noch, trotz der historischen Gewöhnung im Sinne des spezifischen Widerstandes, nach dem spezifischen Leitwert beurteilt wird.

Für den reziproken Begriff des Widerstandes war bisher der Name Leitfähigkeit, für den des spezifischen Widerstandes der Name spezifische Leitfähigkeit üblich, doch wurde vielfach unter Leitfähigkeit schlechthin die spezifische Leitfähigkeit verstanden. Hier liegt sogar schon eine von der Technik wenig beachtete förmliche Vereinbarung vor: die Deutsche Bunsengesellschaft für angewandte Physikalische Chemie hat im Jahre 1897 beschlossen, mit „Leitfähigkeit" das Reziproke des spezifischen Widerstandes zu benennen. Es kommt daher für uns nicht mehr in Frage, dem Namen Leitfähigkeit den Begriff des Spezifischen etwa wieder nehmen zu wollen, um so weniger, als ihm das Spezifische nach etymologischer Deutung schon zukommen dürfte. Es muß vielmehr ein neuer Name gefunden werden; es wird der in diesen Erläuterungen schon benutzte Name „Leitwert" vorgeschlagen.

Einen anerkannten Namen für die **Einheit des Leitwertes** hat es bisher nicht gegeben. Diese Namenlosigkeit hat, abgesehen davon, daß sie eine unklare Ausdrucksweise begünstigt, den Nachteil, daß die Benutzung des Leitwertes als Rechnungsgröße gehemmt wird. Seit sich dies mehr und mehr fühlbar gemacht hat, hat sich auch ein Name dafür allmählich verbreitet, der von Lord Kelvin vorgeschlagene Name Mho. Gegen diesen Namen haben sich seinerzeit von deutscher Seite große Bedenken erhoben. Der deutsche Widerspruch wurde mit vollem Recht darauf gegründet, daß man den Namen eines deutschen Forschers nicht so verstümmeln lassen wollte. Da das Mho sich trotzdem vielfach eingebürgert hat, so handelt es sich jetzt nicht mehr darum, ob überhaupt ein Name eingeführt werden soll, sondern wie wir den Namen, gegen den wir Deutsche Einspruch erhoben haben, wieder beseitigen. Eine einfache Ablehnung von unserer Seite genügt nicht, wir müssen, um das mißliebigen Namen zu verdrängen, einen anderen vorschlagen und ihm Anerkennung zu verschaffen suchen. Es fragt sich, ob der Name Siemens geeignet ist.

Es könnte hier das Bedenken erhoben werden, daß eine Verwechslung mit der Siemenseinheit möglich wäre. Dieses Bedenken kann aber nicht als stichhaltig anerkannt werden; denn einerseits ist „Siemens" von „Siemenseinheit" zu verschieden, anderseits liegt der Gebrauch der Siemenseinheit zeitlich zu weit zurück, als daß Kollisionen zu befürchten wären. Ein anderes Bedenken könnte das sein, daß man den Namen „Siemens" für eine bedeutungsvollere Einheit aufsparen möchte. Dieses Bedenken kann jedenfalls nicht teilen, der von der Wichtigkeit und praktischen Brauchbarkeit des Leitwertes durchdrungen ist; wird dieser Begriff als gleich wichtig mit dem Widerstandes anerkannt, so steht der Name „Siemens", in unmittelbarer Nachbarschaft des Namens „Ohm", auch auf gleicher Höhe, was wohl als angemessen gelten wird und auch deshalb als wünschenswert angesehen werden kann, weil die Siemenseinheit dem Ohm hat weichen müssen. Schließlich entspricht es auch dem Interesse der deutschsprechenden Völker, nicht nur das Mho zu beseitigen, sondern einen deutschen Namen an seine Stelle zu setzen.

Selbstverständlich muß dahin gestrebt werden, daß dem Namen „Siemens", wenn er von den im AEF vertretenen Körperschaften angenommen sein wird, internationale Anerkennung zu verschaffen.

In dem Vorschlag ist nicht gesagt worden, ob der spezifische Leitwert auf 1 m Länge und 1 qmm Querschnitt, oder auf 1 cm Länge und 1 qcm Querschnitt bezogen werden soll. Das muß sich danach richten, ob der spezifische Widerstand auf qmm, m oder qcm, cm bezogen wird.

Bericht über die Äußerungen der Vereine und Einzelpersonen zum Entwurf über Leitfähigkeit und Leitwert von T. Teichmüller und W. Wien.
(April 1910).

Eingegangen sind 36 Äußerungen, und zwar 35 von Vereinen, 1 von einer Person (Herrn Hausding).

Von den Vereinen stimmen 22 ohne Vorbehalt und ohne besondere Bemerkungen dem Vorschlage und den Erläuterungen zu. Weiter erklären sich 8 Vereine mit allem einverstanden, fügen aber ihrer Erklärung noch Begründungen bei. Diese Begründungen haben meistens den Inhalt, daß das gegen den Namen „Siemens" etwa auftauchende Bedenken — Verwechselung mit der Siemenseinheit — ausdrücklich als nicht erheblich oder als unbegründet zurückgewiesen wird. Die Zustimmung ist teilweise sehr lebhaft und läßt besondere Befriedigung über die Vorschläge erkennen. Die erstgenannten 22 Vereine sind die Elektrotechnische Gesellschaft in Frankfurt a. M., die Deutsche Physikalische Gesellschaft, der Verein Deutscher Maschineningenieure, der Verband Deutscher Architekten- und Ingenieurvereine und 17 Bezirksvereine des Vereins Deutscher Ingenieure. Die letztgenannten 8 Vereine sind: Der Elektrotechnische Verein (Berlin), der Württembergische Elektrotechnische Verein, ferner der Bremer, Hamburger, Hannoversche, Lausitzer, Mittelthüringische und der Schleswig-Holsteinische Bezirksverein des Vereins Deutscher Ingenieure.

Die ablehnenden Vereine, nämlich der Elektrotechnische Verein Breslau, der Elektrotechnische Verein Mannheim-Ludwigshafen, ferner der Fränkisch-Oberpfälzische, der Mannheimer und der Lenne - Bezirksverein des Vereins Deutscher Ingenieure, wenden sich nur gegen den Namen „Siemens" für die Einheit des Leitwertes und die Einheitsbezeichnung S. Alle begründen die Ablehnung damit, daß der Name mit der Siemens-Einheit der Widerstände verwechselt werden könne.

Bei dreien der ablehnenden Vereine, dem Elektrotechnischen Verein Mannheim-Ludwigshafen, dem Fränkisch-Oberpfälzischen Bezirksverein und dem Mannheimer Bezirksverein, ist die Ablehnung offenbar auf den Einfluß derselben Persönlichkeit zurückzuführen, denn — abgesehen davon, daß sich einer der Bezirksvereine die Gründe des anderen ausdrücklich aneignet — sind die Begründungen fast genau dieselben, und dabei doch nicht zutreffend. So ist es mit dem zweimal erscheinenden Vorschlage, als Symbol $\frac{1}{W}$ zu belassen; dieser Vorschlag zeigt eine Verwechslung zwischen Einheitsbezeichnung und Formelzeichen. Weiter werden als Gründe angeführt, daß „wir Deutsche bei der Festsetzung internationaler Bezeichnungen wohl nicht gut verlangen könnten, daß die Bezeichnungen lediglich nach deutschen Forschern erfolgen sollten" (Fränkisch-Oberpfälzischer Bezirksverein), oder daß „die Technik unter keinen Umständen durch einen kleinlichen Standpunkt geschädigt" werden dürfe, indem „aus Überpatriotismus Bezeichnungen und Zeichen geändert werden sollen, die jedem, der mit ihnen zu tun hatte, bereits in Fleisch und Blut übergegangen seien" (Mannheimer Bezirksverein). Als Gegenvorschlag wird empfohlen, den „seit langem eingebürgerten Namen Mho, dessen Entstehung aus dem Namen Ohm dem deutschen Ehrgefühl keinen Abbruch tun", sondern dem deutschen Gelehrten nur zur größeren Ehre gereichen könne, beizubehalten. Vom Mannheimer Bezirksverein wird schließlich noch empfohlen, es solle sich „die Einheitsbezeichnung möglichst auf 1 m und 1 mm² beziehen, unter allen Umständen aber dem absoluten Maßsystem bequem anpassen".

Als Symbol wird außer $\frac{1}{W}$ noch $\mho$ oder Ω^{-1} empfohlen.

Es sind also von keinem der ablehnenden Vereine Einwendungen gegen die Vorschläge des AEF vorgebracht worden, die, soweit sie überhaupt erörtert werden können, nicht schon in dem ersten Berichte widerlegt worden wären. Die Zahl der zustimmenden Vereine ist im Vergleich zu der der ablehnenden ist zudem so groß (30 gegen 5), daß die Vorschläge als angenommen zu gelten haben. Der in den Vereinen vertretenen Mitgliederzahl nach gerechnet dürfte in der Abstimmung eine noch erheblich größere Mehrheit für die Annahme zu finden sein.

Der Anregung des Herrn Hausding stimmen die Berichter insoweit zu, als sie empfehlen, das Wort „Symbol" durch „Zeichen" zu ersetzen. Hingegen können sie seinem Widerspruch gegen die Benennung „spezifischer Leitwert", weil „es sich bei dem spezifischen Widerstand und ähnlichen Angaben nicht um wirkliche Werte, die nach Widerstand gemessen werden könnten, sondern nur um nackte Zahlen handle", nicht beipflichten.

Satz III. Temperaturbezeichnungen.
(Juli 1912).

1. Wo immer angängig, namentlich in Formeln, soll die absolute Temperatur, die mit T zu bezeichnen ist, benutzt werden.
2. Für alle praktischen und viele wissenschaftlichen Zwecke, bei denen an der gewöhnlichen Celsiusskala festgehalten wird, soll empfohlen werden, lateinisch t zu verwenden, sofern eine Verwechslung mit dem Zeitzeichen t ausgeschlossen ist.

Wenn gleichzeitig Celsiustemperatur und Zeiten vorkommen, so soll für das Temperaturzeichen das griechische ϑ verwendet werden.

Beispiel.

So soll man bei der Verwendung des Carnot Clausiusschen Prinzips statt $Q \frac{dt}{t+273} \ldots$ $Q \frac{dT}{T}$ schreiben, anderseits soll die Längenänderung eines Stabes ausgedrückt werden durch die Formel:
$$l = l_0 (1 + \alpha t + \beta t^2).$$

Erläuterungen
zu den Äußerungen über den Entwurf IV von F. Eichberg.

Dem Entwurf haben die meisten Vereine bzw. Vereinigungen zugestimmt. Wo Vorbehalte oder Gegenvorschläge gemacht worden sind, erscheinen dieselben nicht durchgreifend.

Dem Vorschlag von Niethammer (Elektrotechnik und Maschinenbau 1910, Seite 1121) konnte nicht zugestimmt werden, weil T sich nur für die absolute Temperatur eignet und hierfür in der wissenschaftlichen Literatur allgemein eingeführt ist.

Der Vorschlag des Breslauer und Schleswig-Holsteinischen Bezirksvereins Deutscher Ingenieure, τ anstatt t zu verwenden, erschien nicht annel.mba, weil t vollkommen eingebürgert ist, und für ein so gebräuchliches Formelzeichen, wie das t für Temperatur, griechische Buchstaben nicht verwendet werden sollten. τ wird zwar in der mechanischen Wärmetheorie verwendet, aber immer nur für ganz besondere Temperaturgrößen.

Der Vorschlag des Elektrotechnischen Vereins, für die Temperatur immer ϑ zu nehmen, ist aus dem gegen τ schon angeführten Grunde nicht empfehlenswert.

Satz IV. Die Einheit der Leistung.
(März 1914).

Die technische Einheit der Leistung heißt Kilowatt. Sie ist praktisch gleich 102 Kilogrammeter in der Sekunde und entspricht der absoluten Leistung 10^{10} Erg in der Sekunde. Einheitsbezeichnung kW.

Gang der Verhandlungen.

Im Juli 1911 wurde folgender Entwurf veröffentlicht:

Entwurf XI. Ersatz der Pferdestärke.
(Juni 1914).

Die technische Einheit der Leistung heißt Kilowatt oder Neupferd. Sie ist praktisch gleich 102 Kilogrammeter in der Sekunde und entspricht der absoluten Leistung 10^{10} Erg in der Sekunde. Einheitsbezeichnung NP.

Begründung
von F. Emde, D. Meyer, E. Meyer und K. Scheel.

Der Wunsch, eine andere Leistungseinheit als die Pferdestärke im Verkehr zu benutzen, ist wohl längst in weiten Kreisen der Technik vorhanden,

1. weil die Pferdestärke in keinem gebräuchlichen Maßsystem ein dekadisches Vielfaches der Grundeinheit für die Leistung ist,
2. weil es namentlich für die Berechnung von Wirkungsgraden eine Erleichterung und große Bequemlichkeit wäre, wenn für sämtliche Energieformen nur eine einzige Leistungseinheit gebräuchlich wäre, insbesondere in der Mechanik und in der Elektrizitätslehre.

Wenn man eine neue Leistungseinheit vorschlagen soll, so kann man zunächst im Zweifel darüber sein, ob man von der Masse oder der Schwere des Gramms (oder eines dekadischen Vielfachen davon) ausgehen soll, also von „absolutem" oder von „technischem" Maß.

Für die Wahl des absoluten Maßsystems sprechen folgende Gründe:

a) Ein Urnormal der Masse ist leichter sehr lange Zeit unverändert zu halten, als ein Urnormal der Kraft.

b) Bei Rechnungen nach dem technischen Maß ist die Erdbeschleunigung g gerade da wegzulassen, wo die Schwere wirkt (z. B. bei der Berechnung der Arbeit eines Kranes) und gerade da einzuführen, wo die Schwere nicht wirkt (z. B. bei der Berechnung der in einem Schwungrade aufgespeicherten Energie). Die Größe g hat also bei Rechnungen nach technischem Maß nicht den ihr logisch zukommenden Platz.

c) Die Rechnung nach absolutem Maß ist begrifflich leichter als die nach technischem Maß. Das absolute Maß ist daher leichter zu lernen und zu handhaben als das technische.

Will man statt der Pferdestärke eine andere Leistungseinheit einführen, so wird es das zweckmäßigste sein, sie gleich dem Kilowatt zu wählen. Jedoch ist hierbei zu beachten, daß man es wegen der großen Bequemlichkeit genauer elektrischer Vergleichsmessungen vorzieht, die elektrischen Einheiten nicht mehr auf mechanische zurückzuführen, sondern sie durch reproduzierbare elektrische Normale zu definieren (Normalohm, Silbervoltameter, Normalelemente). Da diese elektrischen Normale nicht ganz genau in den theoretisch geforderten Beziehungen zu den Urnormalen des Meters und des Kilogramms stehen, so auch das elektrisch definierte „internationale" Kilowatt von dem mechanisch definierten („absoluten") Kilowatt etwas verschieden (vgl. „ETZ" 1909, S. 338 wo der Unterschied zu etwa 0,0003 berechnet wird; vgl. S. 11 dieses Heftes). In Wirklichkeit ist es z. Zt. nicht möglich, für diesen Unterschied eine Zahl anzugeben. In der Technik wird er sich niemals geltend machen.

Viele werden daran Anstoß nehmen, daß auch mechanische Leistungen in Kilowatt ausgedrückt werden sollen, weil sie gewöhnt sind, sich unter einer Zahl von Kilowatt nur eine elektrische Leistung vorzustellen. Es wird daher vorgeschlagen, der Einheit zwei Namen zu geben, die nach Wunsch gebraucht werden können. Der zweite, neben Kilowatt zu benutzende Name sollte so gewählt werden, daß er dem bisherigen der Pferdestärke nahe käme und deutlich an ihn erinnerte; einen Personennamen zu wählen, schien aus mehreren Gründen nicht angemessen. Es wurde daher Neupferd gewählt. Es wird angenommen, daß dieser Name mit der Zeit verschwindet.

Die Leistung 10^{10} Erg in der Sekunde steht in einer für die Rechnung besonders bequemen Beziehung zum technischen Maßsystem. Sie ist nämlich, unter Zugrundelegung des Wertes $g = 980,665$ (Helmert, „Die mathematischen und physikalischen Theorien der höheren Geodäsie", Bd. 2, 1884, S. 241) gleich 101,973 Kilogrammeter in der Sekunde, wofür man mit völlig ausreichender Genauigkeit 102 Kilogrammeter in der Sekunde setzen darf.

Zur Umrechnung ergeben sich folgende, bereits für die Bedürfnisse der Technik abgekürzte Zahlen:

1 NP = 1,36 PS = 102 kgm/sek,
1 PS = 0,735 NP = 75 kgm/sek,
1 kgm/sek = 0,0098 NP = 0,0133 PS.

Infolge der eingegangenen Äußerungen der Vereine wurde der Entwurf dadurch umgearbeitet, daß Neupferd durch Großpferd ersetzt wurde. In dieser Form wurde der Entwurf als Satz IV im September 1912 veröffentlicht.

Satz IV. Die Einheit der Leistung.
(Juli 1912; seitdem geändert).

Die technische Einheit der Leistung heißt Kilowatt oder Großpferd. Sie ist praktisch gleich 102 Kilogrammeter in der Sekunde und entspricht der absoluten Leistung 10^{10} Erg in der Sekunde. Einheitsbezeichnungen kW und GP.

Begründung.
Von Eugen Meyer und Diedrich Meyer.

Die eingegangenen Äußerungen der beteiligten Vereine haben in ihrer Mehrheit der Einführung einer technischen Einheit von 102 mkg/sek, die die „Pferdestärke" von 75 mkg/sek zu ersetzen bestimmt ist, zugestimmt; dagegen haben sie mit Mehrheit die Bezeichnung „Neupferd" abgelehnt, zumeist mit der Begründung, daß eine Übergangsbezeichnung — und als solche wollte auch der AEF den Ausdruck aufgefaßt wissen — nicht erforderlich sei, vielmehr die Bezeichnung „Kilowatt" gleich von vornherein angewandt werden solle. Aber auch der Ausdruck „Neupferd" selbst ist mehrfach als wenig glücklich bemängelt worden. Der AEF hat geglaubt, sich diesen Wünschen gegenüber nicht ablehnend verhalten zu dürfen, und hat demgemäß den Ausdruck „Großpferd" anstatt „Neupferd" eingeführt. Das Kilowatt war zunächst eine Einheitsbezeichnung für eine in elektrischer Energieform in die Erscheinung tretende und durch Volt und Ampere gemessene Leistung. Wollte man ausschließlich diese Bezeichnung für eine in mechanischer Form erscheinende, durch Meter und Kilogramm gemessene Leistung empfehlen, so würde dadurch nach Ansicht des AEF der Erfolg des neuen Verfahrens erheblich beeinträchtigt, wenn nicht vereitelt werden. Die Kreise der Maschinenindustrie, in denen in erster Linie die neue Einheit sich Hausrecht erwerben soll, würden dann an ihr vorbeigehen und die alte „Pferdestärke" ruhig beibehalten; sie würden ganz unbeeinflußt durch eine neue Definition das „Kilowatt" nach wie vor als eine Einheit ansehen, deren Benutzung zur Angabe der Leistung von elektrischen Maschinen und etwa solcher Kraftmaschinen, die mit elektrischen Maschinen unmittelbar gekuppelt sind, vorbehalten bleibt. Es erscheint dem AEF, wenn das gewünschte Ziel erreicht werden soll, unbedingt erforderlich, daß eine Einheitsbezeichnung aufgestellt wird, die die Absicht der Beseitigung der bisherigen „Pferdestärke" auch bei Kraftmaschinen, die zur Erzeugung elektrischer Energie nicht benutzt werden, wie z. B. Pumpmaschinen, Lokomobilen, Schiffsmaschinen, Automobil- und Flugmotoren, stets vor Augen führt und die den Maschineningenieur auf Schritt und Tritt darauf aufmerksam macht, daß er nicht bloß bei elektrischen Leistungen, sondern auch bei allen mechanischen Leistungen statt wie bisher mit 75 mkg/sek mit dem praktischeren Wert von 102 mkg/sek als Einheit rechnen soll.

Der Ausdruck „Großpferd" für diese Leistungseinheit erscheint insofern glücklicher gewählt als „Neupferd", als durch ihn die Vergrößerung des Einheitswertes gegen den früheren angedeutet, mithin auch dem Einwande vorgebeugt wird, der von der ausführenden Praxis möglicherweise erhoben werden könnte, daß nämlich infolge der größeren Einheit die Leistung der gleichwertigen Maschine in Zukunft dem Unkundigen geringer erscheinen könnte.

In der Folge ist aus den Kreisen der Maschinenindustrie der Einwand erhoben worden, daß der Einheitsname Großpferd wesentliche Nachteile praktischer Art mit sich bringe, und es ist demgemäß der Einführung dieses Namens widersprochen worden. Unter diesen Umständen hat der AEF den Satz IV durch Weglassung des Einheitsnamens Großpferd und des zugehörigen Zeichens in die an den Anfang gestellte Form gebracht.
(März 1914).

Formelzeichen des AEF.
(Juli 1912).

Die Fachgenossen auf dem Gebiete der Naturwissenschaften und der Technik werden gebeten, sich der folgenden Bezeichnungen zu bedienen, wenn sie keine besonderen Gründe dagegen haben.

1. Liste.

Größe	Zeichen
Länge	l
Masse	m
Zeit	t
Halbmesser	r
Durchmesser	d
Wellenlänge	λ
Körperinhalt, Volumen	V
Winkel, Bogen	$\alpha, \beta, ..$
Voreilwinkel, Phasenverschiebung	η
Geschwindigkeit	v
Fallbeschleunigung	g
Winkelgeschwindigkeit	ω
Umlaufzahl, Drehzahl (Zahl der Umdrehungen in der Zeiteinheit)	n
Wirkungsgrad	η
Druck (Druckkraft durch Fläche)	p
Elastizitätsmodul	E
Temperatur, absolute	T
" vom Eispunkt aus	t
Wärmemenge	Q
Spezifische Wärme	c
Spezifische Wärme bei konstantem Druck	c_p
Spezifische Wärme bei konstantem Volumen	c_v
Wärmeausdehnungskoeffizient	α
Magnetisierungsstärke	$\mathfrak{J}$
Stärke des magnetischen Feldes	$\mathfrak{H}$
Magnetische Dichte (Induktion)	$\mathfrak{B}$
Magnetische Durchlässigkeit (Permeabilität)	μ
Magnetische Aufnahmefähigkeit (Suszeptibilität)	$\varkappa$
Elektromotorische Kraft	E
Elektrizitätsmenge	Q
Induktivität (Selbstinduktionskoeffizient)	L
Elektrische Kapazität	C

2. Liste.
(März 1914).

Größe	Zeichen
Fläche	F
Kraft	P
Moment einer Kraft	M
Arbeit	A
Leistung	N
Normalspannung	σ
Spezifische Dehnung	ε
Schubspannung	τ
Schiebung (Gleitung)	γ
Schubmodul	G
Spezifische Querzusammenziehung $\nu = 1/m$ (m Poissonsche Zahl)	ν
Trägheitsmoment	J
Zentrifugalmoment	C
Reibungszahl	μ
Widerstandszahl für Flüssigkeitsströmung	ζ
Schwingungszahl in der Zeiteinheit	n
Mechanisches Wärmeäquivalent	J
Entropie	S
Verdampfungswärme	r
Heizwert	H
Brechungsquotient	n
Hauptbrennweite	f
Lichtstärke	J
Widerstand, elektrischer	R
Stromstärke, elektrische	I

Erläuterungen
zur Liste A der Formelzeichen
von F. Neesen und M. Seyffert.
(August 1909).

(Zu der Liste A gehörten außer den in der vorstehenden 1. Liste aufgeführten Größe noch Arbeit A, Gaskonstante R, Stromstärke I; Arbeit und Stromstärke erscheinen in der 2. Liste.)

In allen Zweigen der Wissenschaft zeigt sich immer wiederkehrend das Bedürfnis nach einer einheitlichen Bezeichnung der benutzten Größen. Abgesehen von Verhandlungen auf internationalen Kongressen haben in Deutschland verschiedene Vereine eine Lösung dieser Frage gesucht. Der Verband Deutscher Architekten- und Ingenieur-Vereine hat vom Jahre 1872 bis 1882 in seinen Kreisen Material gesammelt, ist aber nur zu einer Vorschlagsliste gekommen, ohne endgültig zu derselben Stellung zu nehmen. Die Deutsche Physikalische Gesellschaft stellte im Jahre 1903 eine Liste auf. Ihr folgte die Deutsche Bunsen-Gesellschaft in demselben Jahre.

Während diese Listen in dem Sinne einseitig entstanden waren, als nur die den betreffenden Vereinen Nahestehenden an ihrer Aufstellung mitgewirkt hatten, stellte sich der Ausschuß des Elektrotechnischen Vereins auf einen allgemeineren Standpunkt, indem er die verschiedenen Zweige der Wissenschaft zu gemeinschaftlicher Arbeit aufforderte. Er wandte sich an die drei oben genannten Vereine beziehungsweise Verbände, den Verein Deutscher Ingenieure, den Verein Deutscher Maschinen-

Ingenieure, an die zum Verbande Deutscher Elektrotechniker gehörigen Vereine, den Österreichischen Ingenieur- und Architekten-Verein und einige andere ausländische Vereine.

Auf Grund der eingegangenen Äußerungen wurden aus den 114 aufgestellten Größen diejenigen herausgesucht, für welche sich eine überwiegende Majorität gefunden hatte. Der Elektrotechnische Verein nahm diese Liste in der Sitzung vom 24. IV. 1906 an.

Bei der erneuten Prüfung erschien es dem AEF richtig, zunächst bei dem in den letzten Listen eingehaltenen Standpunkt zu verbleiben und für verhältnismäßig wenige Größen Zeichen vorzuschlagen, damit ein allseitig gebilligter Anfang gemacht wird, an welchen sich weitere Übereinkommen leichter anschließen. Es erschien weiter nicht zweckmäßig, die Zeichen streng nach im voraus festgestellten Grundsätzen neu auszuwählen, vielmehr wurde als die aussichtsvollere Aufgabe angesehen, diejenigen Bezeichnungen festzustellen, für welche sich eine Übereinstimmung im Gebrauche ergeben hat. Das entspricht dem allgemein kundgegebenen Wunsche der beteiligten Kreise. Die vom Elektrotechnischen Verein vorgeschlagene Liste scheint dem AEF diesen Gesichtspunkten zu entsprechen, es wird daher vorgeschlagen, diese Liste im wesentlichen anzunehmen.

In der oben abgedruckten Liste sind gegenüber der des Elektrotechnischen Vereins Größen von weniger allgemeiner Bedeutung fortgelassen, ferner ist der Ausdruck „Umlaufzahl" durch Hinzufügung von: „in der Zeiteinheit" näher bestimmt, dann ist eine andere Schreibweise für das Zeichen der Stromstärke (J statt I) gewählt worden [1]).

In einzelnen Fällen zeigt die Liste denselben Buchstaben für verschiedene Größen (E für Elastizitätsmodul und elektromotorische Kraft, Q für Wärmemenge und Elektrizitätsmenge, t für Zeit und Temperatur). Im allgemeinen wird eine solche Doppelbenutzung zu vermeiden sein, sie ist bei der großen Zahl der in Betracht zu ziehenden Größen nicht immer zu umgehen. Eine Doppelbenutzung desselben Zeichens wird aber der Regel nach auf solche Fälle zu beschränken sein, in welchen die betreffenden Größen nicht oder nur ausnahmsweise bei derselben Aufgabe vorkommen, so daß Verwechslungen ausgeschlossen sind. Das ist z. B. der Fall für die Bezeichnungen mit E und Q. Bei dem Zeichen t ist ein gleichzeitiges Auftreten von Zeit und Temperatur ziemlich häufig. Dennoch wurde derselbe Buchstabe beibehalten, weil diese Benutzung so eingebürgert ist, daß der Versuch einer Änderung aussichtslos erschien.

In den Fällen, wo gleichzeitig Temperatur und Zeit zu berücksichtigen sind, muß man besondere Unterscheidungsmerkmale benutzen, entweder Indexe oder für eine der Größen eine andere Bezeichnung wählen, wie das schon in dem Vorschlag des AEF zur Temperaturfrage geschehen ist (vgl. Satz III, Seite 13).

Diese Unbequemlichkeit der doppelten Benutzung des Zeichens t wird auch wegfallen, wenn sich die Gewöhnung mehr verbreitet, die absolute Temperatur zu benutzen.

Gegenüber der Liste der Deutschen Physikalischen Gesellschaft ist nur in betreff des Gebrauchs des Zeichens n für Schwingungszahl hier und für Umlaufzahl in der vorgeschlagenen Liste (vgl. 2. Liste) ein Unterschied, abgesehen von einigen Größen, die hier oder dort nicht aufgenommen sind. Die getroffene Wahl rechtfertigt sich daraus, daß das Zeichen n in der gesamten Technik für Umlaufzahl so ausschließlich benutzt wird, daß eine Abweichung hiervon aussichtslos erscheint.

Von der Liste der Deutschen Bunsen-Gesellschaft weicht die vorgeschlagene Liste nur durch den Ausdruck für die Temperatur nach Celsius ab, abgesehen wieder von verschiedenen nicht aufgenommenen Größen. Diese Wahl ist eine Folge der durch einen früheren Beschluß des AEF getroffenen Festsetzung.

Wenn auch eine solche Liste selbstverständlich nicht die Bedeutung eines Zwanges haben kann, so wird doch eine Empfehlung von seiten der einzelnen Vereine bewirken, daß die Mitglieder der Vereine sich den Vorschlägen wenigstens in der übergroßen Mehrzahl anschließen und so ein großer Schritt vorwärts gemacht wird.

Erläuterungen zur Liste B der Formelzeichen von F. Neesen und M. Seyffert.

(März 1912).

(Zu dieser Liste gehörten außer den in der 2. Liste aufgeführten Größen noch Innere Energie U.)

In die Liste A waren absichtlich nur solche Größen aufgenommen, für welche schon eine ziemliche Übereinstimmung in der Buchstabenbezeichnung herrschte, damit ein Anfang gemacht wurde, der Erfolg versprach. Die Liste B enthält nun mehrere Größen, in deren Bezeichnung eine größere Mannigfaltigkeit eingerissen ist. Maßgebend für die Auswahl dieser Größen war meist die Häufigkeit der Verwendung dieser Größen in verschiedenen Gebieten, für einzelne auch besondere Wünsche des betreffenden Zweiges der Wissenschaft. Nach wie vor ist der Gesichtspunkt festgehalten worden, daß es sich nicht um eine Neuordnung nach bestimmten Gesichtslinien handeln soll, sondern darum, aus den im Gebrauch befindlichen Zeichen diejenigen herauszusuchen, welche die größte Aussicht haben, eine bedeutende Mehrheit und daran anschließend hoffentlich die Allgemeinheit für sich zu gewinnen. Solches kann nicht erreicht werden, wenn einzelne Zweige der Wissenschaft sich grundsätzlich gegen eine Änderung des ihnen Gebräuchlichen wenden mit der Begründung, es würde sich die Bezeichnung in ihren Kreisen niemals einbürgern. Wenn die an der Spitze dieser Zweige Stehenden, namentlich die Schriftleiter der einschlägigen Zeitschriften, nur selbst den ernstlichen Willen haben, auch unter Aufopferung von Bezeichnungen, die ihnen von altersher gewohnt sind, einer allgemeinen Verständigung die Bahn zu ebnen, dann dürfte das Ziel wohl zu erreichen sein. Bei der eingerissenen Vielfältigkeit müssen eben Opfer gebracht werden.

Was die vorgeschlagenen 25 Größen im einzelnen betrifft, so herrscht in betreff der Zeichen für das mechanische Wärmeäquivalent,

---

[1]) Vgl. hierzu 2. Liste, Seite 15 und Erläuterung Seite 17.

die innere Energie, die Entropie, Heizwert, Brechungsquotient, Hauptbrennweite und Lichtstärke fast durchweg Übereinstimmung in den verschiedenen Zweigen, welche diese Größen verwenden, ebenso betreffs Normalspannung, spezif. Dehnung, Schubspannung, Schiebung, Schubmodul und spezif. Querzusammenziehung in dem Gebiete, für welche diese besonderes Interesse haben.

Zu Fläche F. Von den in Gebrauch befindlichen Bezeichnungen, wie z. B. noch Q und S, wurde F genommen, weil auch hierfür schon eine ausgedehnte Vorbenutzung vorliegt und weil der Buchstabe F frei war, während die anderen für wichtige, mit der Fläche gleichzeitig auftretende Größen benutzt werden.

Zu Kraft P. Hier ist in der bisherigen Bezeichnung ein ziemlich scharfer Gegensatz zwischen den technischen (P) und den mathematisch-naturwissenschaftlichen Zweigen (F). Doch ist in der letzten Gruppe nicht die Geschlossenheit in der Bezeichnung wie in der ersten, so daß die Wahl hierdurch bestimmt wird. Auch wird in den alten Lehrbüchern der Mechanik derselbe Buchstabe P benutzt. Weiter ist bei der getroffenen Wahl der Buchstabe F für die Fläche frei.

Zu Moment einer Kraft M. Hier ist die Übereinstimmung nicht so groß wie bei den oben angegebenen Größen, es ist namentlich noch D in Gebrauch. Jedoch wird der Buchstabe M bei weitem am häufigsten benutzt.

Zu Leistung L. Wenn auch bisher der Buchstabe L ganz überwiegend gebraucht wird, so treten doch erhebliche Bedenken gegen denselben auf, weil Leistung und Selbstinduktion öfters in derselben Formel auftreten und die Liste A für Selbstinduktion auch dasselbe Zeichen L vorsieht. Doch bleibt die Liste B entsprechend dem im Eingange angegebenen Gesichtspunkt bei der Bezeichnung L.

Zu Trägheitsmoment J. Hier gilt Ähnliches, wie zu P ausgeführt ist. Die technischen Wissenschaften bedienen sich jetzt schon des vorgeschlagenen Zeichens, die mathematisch-physikalischen benutzen dagegen meist K. Der Grund für die getroffene Wahl ist der gleiche wie bei Kraft P.

Zu Schwingungszahl n. Es wird nicht zu vermeiden sein, daß die Bezeichnung n für Schwingungszahl in der Sekunde manchmal störend zusammentrifft mit der Bezeichnung n für die Umlaufszahl (1. Liste). Indessen sind diese beiden Benutzungsarten desselben Buchstabens für verwandte Größen so durch Altersgebrauch geheiligt, daß eine Änderung einer ausgeschlossen erscheint. Die Schwingungszahl einer Stimmgabel z. B. durch den griechischen Buchstaben ν auszudrücken, verbietet sich schon, weil manche Kreise, welche diese Größe benutzen, kaum mit dem griechischen Alphabet vertraut sein werden. Das große N wäre etwas ganz ungewohntes, welches daher auf Einführung nicht zu rechnen hätte.

Es muß im Einzelfalle überlassen bleiben, in welcher Weise der Schriftsteller bei gleichzeitigem Vorkommen von Schwingungszahl und Umlaufszahl die beiden Größen von einander scheiden will, ob durch Indizes oder vorübergehende Wahl eines anderen Buchstabens. Hierfür eine Bestimmung zu treffen, erschien nicht zweckmäßig, weil dadurch bei der ausgesprochenen Abneigung des Einen gegen Indizes, des Anderen gegen Einführung neuer Buchstaben die allgemeine Annahme der Liste gefährdet würde.

Zu Verdampfungswärme r. Der vorgeschlagene Buchstabe r entspricht dem ältesten Gebrauch. Clausius benutzt diese Bezeichnung; es scheint billig, auch diesen Umstand zu berücksichtigen. In der Tat hat sich diese Bezeichnung wohl in den meisten Fällen erhalten, wenn auch in chemischen Zweigen sich andere Bezeichnungen eingebürgert haben.

Zum elektrischen Widerstand R. Mit dieser Bezeichnung steht die Liste in Übereinstimmung mit dem im vergangenen Jahre von der Internationalen Elektrotechnischen Kommission angenommenen Bezeichnung. Demgegenüber steht allerdings ein anderes internationales Übereinkommen, das der Chemiker, welche auch mit Rücksicht auf das mögliche Zusammentreffen von Widerstand und der Gaskonstante in derselben Formel für jenen den Buchstaben W gewählt haben. Ferner ist nicht zu leugnen, daß der Buchstabe W für Widerstand in den meisten physikalischen Arbeiten benutzt wird. Nun ist der elektrische Widerstand für den Elektrotechniker von ungleich größerer Bedeutung als für den Chemiker, so daß die internationale Festsetzung, welche jene getroffen haben, und der sich die deutsche Elektrotechnik, wie es scheint, ganz angeschlossen hat, doch von ausschlaggebender Bedeutung ist. Es sind im übrigen Anzeichen dafür vorhanden, daß die Chemiker sich dem Gebrauche der Elektrotechniker anschließen werden.

Zur elektrischen Stromstärke I. Hier handelt es sich nur um eine andere Schreibweise des schon in der Liste A aufgeführten Ausdruckes. Dort war der Buchstabe Jot gewählt; dieser Vorschlag wird nunmehr zurückgezogen. Das jetzt vorgeschlagene I entspricht dem Beschluß der Internationalen Elektrotechnischen Kommission.

Bericht zu den Äußerungen über die Liste A der Formelzeichen.

Von F. Neesen.

(Juli 1912).

Es sind 26 Äußerungen eingegangen, darunter neun glatt zustimmende.

In den 17 übrigen werden Änderungen der Zeichen oder gewählten Namen sowie Ergänzungen vorgeschlagen. Die erneute Beratung im AEF ergab, daß eine Abänderung der Zeichen nicht angezeigt ist. Die gemachten Vorschläge (Zeit z statt t; Geschwindigkeit ω für v; Temperatur T für t; Wärmemenge θ für Q; Induktivität L für L) drücken nur die Wünsche eines kleinen Fachkreises aus. Die in der Liste aufgeführten Zeichen haben in verschiedenen Zweigen der Wissenschaft Altersrecht.

Dagegen wurden einige Größen aus der Liste A ausgeschieden und mit der Liste B vereinigt, nämlich:

1. die Bezeichnung für Arbeit A, weil es zweckmäßiger schien, sie mit der für Leistung zu verbinden;
2. die Gaskonstante R, weil einerseits die Streichung des Zusatzes: (auf Molekulargewicht bezogen) gewünscht, andererseits diese Streichung beanstandet wurde. Um Verzögerungen zu vermeiden, ist daher R aus der Liste A entfernt und in die Liste B aufgenommen worden;
3. die Stromstärke J zugunsten des neuerdings vorgeschlagenen und in die Liste B aufzunehmenden I.

Den die Namen betreffenden Wünschen ist insofern nachgekommen worden, als das Zeichen p nicht für Kraft durch Flächeneinheit, sondern für Druckkraft durch Flächeneinheit genommen wurde.

Der Anregung aus Kreisen der Maschineningenieure, das Zeichen n für die Umdrehungszahl in der Minute festzusetzen, konnte nicht gefolgt werden, da die allgemeine Bestimmung: (in der Zeiteinheit) auch den anderen Zweigen der Wissenschaft gerecht wird.

Die Ergänzungswünsche sind, soweit angängig, schon in der Liste B berücksichtigt worden.

Bericht über die Äußerungen zur Liste B der Formelzeichen.

Von F. Neesen und M. Seyffert.

(März 1914).

Zu der Formelzeichenliste B haben sich 27 Vereine und eine Privatperson geäußert. Von den ersteren sind 21 Bezirksvereine des Vereins Deutscher Ingenieure, 4 elektrotechnische Vereine, außerdem die Deutsche Physikalische Gesellschaft und der Verein zur Förderung des naturwissenschaftlichen Unterrichts in Berlin.

12 der genannten Bezirksvereine und 2 elektrotechnische Vereine stimmen der Liste glatt zu.

Von den Ausstellungen beziehen sich die meisten (4) auf die Bezeichnung n für Schwingungszahl, da dieser Buchstabe für Umlaufzahl einer Maschine benutzt wird. Vorgeschlagen wird N. Es sind andere Gründe, als die bei der Aufstellung der Liste wohl erwogenen, nicht angeführt. Daher empfiehlt es sich, auch in Anbetracht der geringen Zahl der Einsprüche bei dem Zeichen n zu bleiben. Der Hamburger Bezirksverein schlägt vor, statt Schwingungszahl zu sagen „Doppelschwingungen". Vermutlich sollen hiermit zwei halbe Schwingungen, ein Hin- und Hergang verstanden werden. Das ist auch die Bedeutung von Schwin-gungszahl, so daß auch diese Änderung nicht zweckmäßig ist.

Gegen die Benutzung des Buchstabens J für das mechanische Wärmeäquivalent wenden sich drei Bezirksvereine, welche $1/A$ oder A oder 427 vorziehen, z. T. deshalb, weil J schon für Trägheitsmoment und Lichtstärke, auch Stromstärke benutzt wird, z. T. weil Zeuner A oder $1/A$ benutzt. Da A für Arbeit festgesetzt ist, sind die beiden ersten Bezeichnungen ausgeschlossen. Eine Zahl zu nehmen, ist nicht angängig, weil diese unbequemer zu schreiben ist und nicht absolut feststeht. Es liegt kein Grund vor, von der Bezeichnung J abzugehen. Der Bayerische Bezirksverein schlägt zu J den Zusatz „Arbeitswert der Wärmeeinheit" vor. Derselbe scheint bei der feststehenden Bedeutung des Wortes „mechanisches Wärmeäquivalent" unnötig.

Betreffs Trägheitsmoment wird von dem Westpreußischen Bezirksverein vorgeschlagen, J für Flächen-Trägheitsmoment und O oder ϑ für Massen-Trägheitsmoment zu nehmen. Dieser vereinzelte Vorschlag ist nicht geeignet, die gewählte Bezeichnung umzuändern.

Der Bayerische Bezirksverein wendet sich gegen C als Zentrifugalmoment und gegen diesen Ausdruck überhaupt; der Hannoversche Verein schlägt J vor. Das Zentrifugalmoment wird tatsächlich viel benutzt. Die große Mehrheit ist für das vorgeschlagene Zeichen.

An Stelle des Buchstaben σ und τ für Spannungen wird von dem Breslauer Verein das in der „Hütte" und auch von Bach benutzte Zeichen k vorgeschlagen. Es dürfte hier eine Verwechslung der Begriffe vorliegen.

Der Vorschlag i für Fläche (Mannheimer Verein) ist ganz vereinzelt.

Das Zeichen für Arbeit A war schon in der Liste A der Formelzeichen enthalten; es war zurückgestellt worden, weil es schwierig schien, sich darüber mit der IEC zu verständigen. Nachdem nun die IEC das Zeichen A angenommen hat, ist es in die neue Liste eingesetzt worden.

Einwände sind gegen L als Leistung erhoben. E und N werden empfohlen. Der AEF hat die Bezeichnung mit L schon verlassen und N gewählt.

Für Moment einer Kraft wird zusätzlich ein deutsches $\mathfrak{M}$ empfohlen (Hannoverscher Bezirksverein). Der AEF hält daran fest, nur ein einziges Zeichen zu empfehlen. Der Westfälische Bezirksverein gibt verschiedene Indizes an für besondere Momente; solche Indizes festzusetzen, dürfte zu weit gehen.

Bei Dehnung soll nach Vorschlag des Hannoverschen Bezirksvereins der Zusatz „spezifisch" gestrichen werden. Hierfür lag ein triftiger Grund nicht vor.

Verschiedene Anregungen für Zeichen zu Größen, die in dieser Liste B nicht aufgeführt sind, können bei Fertigstellung dieser Liste nicht in Betracht kommen, werden indessen bei Aufstellung weiterer Listen Berücksichtigung finden. Dasselbe gilt für eine Anregung betreffend die Gaskonstante, da beschlossen ist, diese Größe zunächst wegzulassen.

(März 1914). **Zeichen des AEF für Maßeinheiten.**

Meter	m	Liter	l	Tonne	t
Kilometer	km	Hektoliter	hl	Gramm	g
Dezimeter	dm	Deziliter	dl	Kilogramm	kg
Zentimeter	cm	Zentiliter	cl	Dezigramm	dg
Millimeter	mm	Milliliter	ml	Zentigramm	cg
Mikron	μ	Kubikmeter	m^3	Milligramm	mg
		Kubikdezimeter	dm^3		
Ar	a	Kubikzentimeter	cm^3	Stunde	h
Hektar	ha	Kubikmillimeter	mm^3	Minute	m
Quadratmeter	m^2			Minute alleinstehend	min
Quadratkilometer	km^2	Celsiusgrad	°	Sekunde	s
Quadratdezimeter	dm^2	Kalorie	cal	Uhrzeit: Zeichen erhöht.	
Quadratzentimeter	cm^2	Kilokalorie	kcal		
Quadratmillimeter	mm^2				
Ampere	A	Siemens	S	Watt	W
Volt	V	Coulomb	C	Farad	F
Ohm	Ω	Joule	J	Henry	H

Amperestunde	Ah	Mikrofarad	μF
Milliampere	mA	Megohm	$M\Omega$
Kilowatt	kW	Kilovoltampere	kVA
Megawatt	MW	Kilowattstunde	kWh

Begründungen und Erläuterungen s. bei Entwurf VII, Seite 24 u. f.

7. Entwürfe des AEF nebst Erläuterungen.

Entwurf I. Begriffsbestimmung für Potential, Potentialdifferenz, Elektromotorische Kraft, Spannung, Spannungsdifferenz.
(Entwurf II, III, IV sind geworden Satz I, II, III.)
Entwurf V. Wechselstromgrößen.
(Entwurf VI war die Liste A der Formelzeichen.)
Entwurf VII. Einheitsbezeichnungen.
Entwurf VIII. Arbeit und Energie.
Entwurf IX. Durchflutung und Strombelag.

Entwurf X. Mathematische Zeichen.
(Entwurf XI ist der Satz IV geworden, Entwurf XII war die Liste B der Formelzeichen.)
Entwurf XIII. Gewicht.
Entwurf XIV. Dichte.
Entwurf XV. Formelzeichen, Liste C.
Entwurf XVI. Energieeinheit der Wärme.
Entwurf XVII. Normaltemperatur.
Entwurf XVIII. Feld und Fluß.

Entwurf I. Begriffsbestimmung für Potential, Potentialdifferenz, Elektromotorische Kraft, Spannung, Spannungsdifferenz.
(Juni 1908).

Definitionen und Leitsätze.
(Die gewählten Formelzeichen sind nur vorläufig eingesetzt.)

1. Zwischen den Punkten A und B besteht eine elektrische Spannung P_{AB}, wenn die Arbeit t. P_{AB} aufgewendet werden muß, um die Elektrizitätsmenge ε von B nach A zu schaffen.
Die elektrische Spannung P_{AB} ist demnach ihrem Zahlenwerte und ihrem Vorzeichen nach gleich der Arbeit, die aufgewendet werden muß, um die positive Einheit der Elektrizitätsmenge von B nach A zu schaffen.
Ist die Größe dieser Arbeit von dem Wege zwischen A und B abhängig, so ist der Weg anzugeben.
Die Spannung bezieht sich immer auf zwei Punkte.

2. Ist die Arbeit, die aufgewendet werden muß, um die positive Einheit der Elektrizitätsmenge von dem Punkte B zu dem Punkte A zu schaffen, ihrer Größe nach von dem Wege zwischen A und B unabhängig, so bezeichnet man die Spannung auch als Potentialdifferenz $\triangle_{AB}$ zwischen A und B.

3. Der Minuend der Potentialdifferenz ist das Potential von A, der Subtrahend das Potential von B. Das Potential der Erde wird in der Regel gleich null gesetzt. Demnach ist unter dem Potential V eines Punktes schlechthin seine Potentialdifferenz gegen die Erde zu verstehen.
Es ist aber zu beachten, daß das Potential in mehrfach zusammenhängenden Räumen oft vielwertig ist und daß in Wirbelfeldern überhaupt kein Potential besteht.
Das Potential bezieht sich immer auf einen Punkt, die Potentialdifferenz auf zwei Punkte.

4. Unter der Spannungsdifferenz $P_1 - P_2$ ist die Differenz zweier Spannungen zu verstehen. Sie bezieht sich immer auf vier Punkte.

5. Unter Elektromotorischer Kraft (EMK) versteht man die Fähigkeit eines Systems (einer Elektrizitätsquelle), Spannungen zu erzeugen. Die EMK wird gemessen durch die Spannung zwischen den Enden der offenen Elektrizitätsquelle.
Sofern es sich um die in einem geschlossenen Kreise induzierte EMK handelt, denke man sich den Kreis aufgeschnitten

und die Spannung längs der unendlich kurzen Verbindungslinie zwischen den Enden gemessen.

Bei diesen Definitionen ist angenommen, daß das ursprünglich vorhandene elektrische Feld durch die hinzugedachte positive Einheit der Elektrizitätsmenge nicht verändert wird.

Erläuterungen von H. Görges und H. Rubens.

Eine Größe, die in der Technik meistens „Spannung" oder „Spannungsdifferenz", mitunter auch „Potential" genannt wird, ist in der Praxis vollkommen unentbehrlich, da man es in den Anwendungen des elektrischen Stromes fast stets nur mit Teilen des Stromkreises, nicht mit dem ganzen in sich geschlossenen Kreise zu tun hat. Wäre dies der Fall, so könnte man mit der EMK auskommen. Was gewünscht wird, ist die Anwendbarkeit des Ohmschen Gesetzes auf einen einzelnen Stromzweig in der Form

$$I = \frac{P}{R} \quad \text{oder} \quad I = \frac{P-E}{R},$$

worin P die Spannung zwischen den Enden nach Definition 1, E eine elektromotorische Gegenkraft, R den Widerstand des Stromzweiges bedeutet.

Die Spannungsdifferenzen spielen besonders in der Lehre von den Leitungsnetzen eine Rolle. Es ist daher erwünscht, die Bezeichnungen „Spannung" und „Spannungsdifferenz" streng auseinander zu halten.

Ohne den Potentialbegriff kann man in der Elektrostatik auskommen, wenn man nicht auf Bequemlichkeit verzichten will. Die Wissenschaft kann ihn nicht entbehren.

Das Potential aus der Potentialdifferenz herzuleiten ist freilich ein erheblicher Schönheitsfehler. In Wirklichkeit aber ist die Potentialdifferenz der einfachere Begriff, aus dem erst durch willkürliche Festlegung des Nullpotentials der Potentialbegriff gewonnen wird.

Das Potential ist in mehrfach zusammenhängenden Räumen vieldeutig, bleibt aber auch in diesen Fällen eine wichtige Rechengröße[1]). In Wirbelfeldern dagegen existiert kein Potential, wohl aber herrscht auch dort im allgemeinen zwischen zwei Punkten eine von dem Wege abhängige Spannung, deren Wert gleich dem Linienintegral der elektrischen Kraft längs dieses Weges ist.

Man könnte bei Potentialdifferenzen auch an zeitliche Differenzen denken, doch ist dies nicht üblich. Die Definition beschränkt sich auf örtliche Differenzen. Es ist daher nötig, zeitliche Potentialdifferenzen als solche zu bezeichnen.

Die für die EMK gewählte Definition geht von der Tatsache der Elektrostatik aus, daß auf einem Leiter überall dasselbe Potential herrschen muß, wenn nicht eine EMK vorhanden ist.

Bei einem ruhenden Leiter ist die induzierte EMK nach dem Gesetz

---

[1]) Zum Beispiel ist auch in diesem Falle die elektrische Feldstärke gleich der negativen Derivierten des Potentials nach der betreffenden Richtung.

$$e = -\frac{d\Phi}{dt} 10^{-8} \text{ Volt},$$

worin Φ der vom Leiter umschlossene magnetische Induktionsfluß ist, nur für eine in sich geschlossene Schleife bestimmt. Man kann aber annehmen, daß ein Schnitt den Wert der EMK nicht ändert, und kann sie dann ebenfalls durch die Spannung zwischen den Enden des offenen Kreises messen. Hierdurch wird der Begriff der induzierten EMK ohne Zwang auf einen Teil des Stromkreises beschränkt, eine Beschränkung, die tatsächlich beständig vorgenommen wird. Denn ohne eine solche Beschränkung wäre es unstatthaft, von der EMK der Wicklung einer Maschine oder eines Transformators zu sprechen, die durch einen Kreis von vielleicht vielen Kilometern geschlossen, oder auch gar nicht geschlossen ist.

Wo Formelzeichen erforderlich waren, sind solche vorbehaltlich späterer Änderung vorläufig eingesetzt worden.

Gegen diesen Entwurf sind sowohl bei der öffentlichen Erörterung, wie auch bei der weiteren Beratung im AEF wesentliche Bedenken erhoben worden; er befindet sich noch immer in Bearbeitung.

Entwurf V. Wechselstromgrößen.
(August 1909).

A. Begriffe und Namen.[1])

Durch Messung seien gefunden:
I der (effektive) Strom in einem Leiter,
E die (effektive) Spannung zwischen den Enden des Leiters,
L die in dem Leiter verbrauchte (mittlere) Leistung.

Dann wird definiert:
1. $S = E/I$ Scheinwiderstand,
2. $R = L/I^2$ Leistungswiderstand,
3. $B = \sqrt{S^2 - R^2}$ Querwiderstand.

Unter Umständen kann bei dem Querwiderstande nach seinen Ursachen (vgl. Abschn. B, I) Induktions- und Kapazitätswiderstand unterschieden werden.

4. $I_R = L/E$ Leistungsstrom,
   $I_B = \sqrt{J^2 - J_R^2}$ Querstrom,
5. $E_R = L/I$ Leistungsspannung,
   $E_B = \sqrt{E^2 - E_R^2}$ Querspannung,
6. $c_f = \dfrac{L}{E \cdot I}$ Leistungsfaktor.

B. Bedeutung der Größen in den wichtigsten Fällen.

I. Einwelliger Strom (Sinuswellen). Strom der Spannung proportional. Die Spannung $e = \bar{E} \sin \omega t$ erzeuge einen Strom $i = \bar{I} \sin (\omega t - \eta)$.

---

[1]) Die benutzten Zeichen sollen noch nicht bindend sein und einer späteren Festsetzung nicht vorgreifen. Für Leistung ist L, für Induktivität $\mathfrak{L}$ gesetzt worden. Die Scheitelwerte werden durch einen Strich über den Buchstaben bezeichnet.

Darin ist:
ω die Kreisfrequenz,
$\nu = \dfrac{\omega}{2\pi}$ die Frequenz,
φ die Phasenverschiebung.

Dann ist:
$$\overline{E}/\overline{I} = E/I = S$$
$$E_R = IR, \quad E_B = IB$$
$$c\varphi = \dfrac{L}{E.I} = \dfrac{R}{S} = \cos\varphi.$$

Besteht der Zweig aus hintereinander geschalteter Kapazität und Induktivität, so ist:
$$B = \mathfrak{L}\omega - \dfrac{1}{C\omega}$$
worin:
$\mathfrak{L}\omega$ der Induktionswiderstand,
$\dfrac{1}{C\omega}$ der Kapazitätswiderstand.

S, R und B sind unabhängig von Strom und Spannung, dagegen abhängig von der Frequenz. Auf Grund dieser Gleichungen kann für einen einzelnen Stromkreis und für jeden Zweig einer Verzweigung Strom und Phasenverschiebung aus den B und R berechnet werden.

II. Mehrwelliger Strom.
Strom der Spannung proportional.

Die Spannung
$$e = \underset{n}{\Sigma}\, \overline{E}_n \sin(n\omega t + \chi_n)$$
erzeugt einen Strom
$$i = \underset{n}{\Sigma}\, \overline{I}_n \sin(n\omega t + \psi_n)$$

Jeder Spannungswelle ordnet sich eine Stromwelle derselben Frequenz derart zu, daß für diese Wellen jedesmal alles gilt, was unter I für einwellige Ströme ausgesagt ist. Es ist also:

$$\overline{E}_1 = \overline{I}_1 S_1; \quad \overline{E}_{R1} = \overline{I}_1 R_1; \quad \overline{E}_{B1} = \overline{I}_1 B_1$$
$$c\varphi_1 = \dfrac{R_1}{\sqrt{R_1^2 + B_1^2}} = \cos\varphi_1$$
$$\overline{E}_2 = \overline{I}_2 S_2; \quad \overline{E}_{R2} = \overline{I}_2 R_2; \quad \overline{E}_{B2} = \overline{I}_2 B_2$$
$$c\varphi_2 = \dfrac{R_2}{\sqrt{R_2^2 + B_2^2}} = \cos\varphi_2$$
u. s. f.

Jede einzelne Stromwelle in einem Stromkreise und in jedem Zweige einer Stromverzweigung läßt sich nach I berechnen und damit der Gesamtstrom in jedem Zweige. Zum Unterschiede von diesen für die einzelnen Stromwellen geltenden Größen $R_1, R_2 \ldots B_1, B_2 \ldots S_1, S_2 \ldots$ usw. sollen die nach Abschnitt A auf den Gesamtstrom bezogenen Größen R, B, S usw. als mehrwellig bezeichnet werden. Die mehrwelligen Größen sind abhängig von der Frequenz und der Wellenform; sie haben keine allgemeine einfache Bedeutung. Als Grundlage für strenge Rechnungen können sie nicht dienen. Vergleiche jedoch Abschnitt IV.

III. Mehrwelliger Strom.
Strom nicht der Spannung proportional.

Die Spannung
$$e = \underset{n}{\Sigma}\, \overline{E}_n \sin(n\omega t + \chi_n)$$
erzeugt einen Strom
$$i = \underset{n}{\Sigma}\, \overline{I}_n \sin(n\omega t + \psi_n)$$

Jedoch ist der Strom nicht der Spannung proportional, weil z. B. infolge der Wirkung von Eisen oder eines Dielektrikums Widerstand, Induktivität und Kapazität von Strom und Spannung abhängig sind. Es läßt sich dann nicht mehr zu einer Spannungswelle eine Stromwelle so zuordnen, daß die unter I aufgestellten Beziehungen gültig werden. Der Scheinwiderstand und die übrigen unter A genannten Größen lassen sich nur für einen bestimmten Zustand bilden. Deshalb und weil sie mehrwellig sind, können sie als Grundlage für strenge Rechnungen nicht dienen. Vergleiche jedoch das Folgende.

IV. Einwelliger Ersatzstrom.

Mehrwellige Ströme werden in praktischen Fällen oft als einwellig behandelt. Der einwellige Ersatzstrom hat dieselben Effektivwerte für Stromstärke und Spannung wie der mehrwellige Strom. Die Frequenz wird dabei auf die Grundwelle bezogen, während die Phasenverschiebung φ aus der Gleichung $\cos\varphi = c\varphi$ entnommen wird.

Erläuterungen
von J. Teichmüller und M. Wien.

Das Streben, die Wechselströme rechnerisch ähnlich zu behandeln wie den Gleichstrom, vor allem für die Effektivwerte von Strom und Spannung ein dem Ohmschen Gesetz analoges Gesetz zu erhalten, hat zu der Entstehung und Verbreitung der Begriffe der „Wechselstromwiderstände" geführt. Die Einführung dieser Begriffe hat mancherlei Unklarheiten und Ungenauigkeiten im Gefolge gehabt. Diese durch klare Begriffe und einheitliche Namen zu beseitigen, hat der AEF als seine Aufgabe angesehen.

Der Lösung dieser Aufgabe stellt sich die Schwierigkeit entgegen, daß das „Ohmsche Gesetz für Wechselstrom" durchaus nicht allgemein für jeden beliebigen Wechselstrom gilt. Im Ohmschen Gesetz ist der Widerstand die Proportionalitätskonstante zwischen Strom und Spannung. Der Scheinwiderstand im Wechselstromkreis ist aber nur solange eine Proportionalitätskonstante zwischen den Effektivwerten von Strom und Spannung, als Induktivität, Kapazität und Widerstand unabhängig von Strom und Spannung sind (solange also die Differentialgleichung der Induktion linear ist). Nur dann entspricht einer einwelligen (sinusförmigen) Spannung ein einwelliger Strom und bei mehrwelliger Spannung superponieren sich die den einfachen Spannungswellen entsprechenden einfachen Stromwellen. Wenn dagegen $\mathfrak{L}$, C, R von Spannung und Strom abhängig sind, so gibt es keine Proportionalitätskonstante zwischen Strom und Spannung mehr, und damit auch keine Wechselstrom-„Widerstände" im Sinne des Ohmschen Gesetzes. Dieser Fall liegt aber, schon wegen der Verwendung des Eisens, in der Technik fast immer vor; das in Analogie mit dem Ohmschen Gesetze gebildete Gesetz der Abhängigkeit zwischen effektivem Strom und effektiver Spannung ist also fast immer nur mit Annäherung richtig, mag diese Annäherung (weil der magnetische Kreis in den meisten Fällen Luftschichten enthält) oft auch noch so groß sein.

Die Berichter standen somit vor der Entscheidung, entweder
a) der geschichtlichen Entwicklung entsprechend die Wechselstromwiderstände streng, also nur für reinen einwelligen Strom zu definieren, und ihre Anwendung auf die annähernd einwelligen Ströme der Technik auszudehnen, oder
b) die Definition der Wechselstromwiderstände allgemein für beliebige, mehrwellige Wechselströme auf die Messung von Strom, Spannung und Leistung zu gründen und die rechnerische Anwendung der so gefundenen Größen auf reine einwellige oder annähernd einwellige Ströme einzuschränken.

Mit Rücksicht auf die Gewohnheiten und Bedürfnisse der Technik haben sich die Berichter für das zweite Verfahren entschieden, es aber dann für unbedingt erforderlich erachtet, in einem zweiten Teil (B) der Vorschläge auf die Bedeutung der festgelegten Größen in den wichtigsten Fällen und vor allem auf die Einschränkung ihrer Anwendung in der — analytischen und graphischen — Rechnung scharf hinzuweisen.

In dem Teile A „Begriffe und Namen" mußte davon Abstand genommen werden, ein so umfangreiches System von Begriffen zusammenzustellen, wie es in der amerikanischen Schule eine Zeitlang üblich war und von dort aus auch in einen Teil der deutschen Literatur übergegangen ist. Die Berichter haben sich darauf beschränkt, die für den praktischen Gebrauch notwendigsten Begriffe festzulegen.

Bezüglich der Namen wurden die unschönen und leicht zu verwechselnden Wörter auf „anz" vermieden, und dafür möglichst kurze und bezeichnende zusammengesetzte Hauptwörter gewählt, denen Beiwörter in besonderen Fällen ohne Häufung hinzugefügt werden können. An die Benennungen der Widerstände schließen sich die entsprechenden Namen für die Ströme und Spannungen an, womit gleichzeitig die sprachlich unzulässigen Namen des wattlosen und Wattstroms ausgemerzt werden.

Einige nicht zum System der Begriffe gehörige Namen sind noch hier eingeführt. Es sind das der Name „Kreisfrequenz" für die Zahl der Perioden in 2π Sekunden und die Namen „einwellig" und „mehrwellig". Es schien zweckmäßig, an Stelle des verneinenden Beiwortes „nicht sinusförmig" oder des zu allgemeinen Ausdrucks „beliebig" ein besser

kennzeichnendes Wort einzuführen. Der Gleichmäßigkeit wegen mußte dann der Sinusstrom als „einwelliger" Strom bezeichnet werden. Unter „Welle" ist in diesen Worten also jedesmal eine Sinuswelle zu verstehen, was mit dem Sprachgebrauche der Physik im Einklang steht, insofern dort eine Sinusschwingung als einfache Schwingung oder Schwingung schlechtweg bezeichnet wird. Der Name „Induktivität" ist aus dem schon vorhandenen Wortschatz aufgenommen worden, um den unbestimmten Ausdruck „Selbstinduktion" und den unbequemen „Selbstinduktionskoeffizienten" durch einen in Analogie zu „Kapazität" gebildeten Namen zu ersetzen. Schließlich wird der Name „Ersatzstrom" an Stelle des zuviel sagenden Namens „äquivalenter Sinusstrom" vorgeschlagen.

Der Einteilung des Teiles B ist entsprechend der Begriffsbestimmung im Teil A auch die Messung zugrunde gelegt worden, indem nach Proportionalität oder Nichtproportionalität zwischen Strom und Spannung unterschieden wurde. Induktivität, Kapazität und Widerstand sind im allgemeinen — auch in dem Fall I — infolge von Skineffekt, gegenseitiger Induktion und anderen Ursachen von der Frequenz abhängig. So sind auch die Widerstände $R_1, R_2 \ldots$ (in B, Abschnitt II) im allgemeinen voneinander verschieden und nur in besonders einfachen Fällen einander gleich und gleich dem mit Gleichstrom gemessenen Widerstand.

Nachdem der vorstehende Entwurf im Jahre 1909 veröffentlicht worden war, ergaben sich so viel Einwendungen, daß es nötig war, ihn umzuarbeiten. Im Jahre 1913 wurde der Teil A in neuer Bearbeitung veröffentlicht; auch in dieser Fassung wird er nicht verbleiben, sondern mit dem Teil B nochmals umgearbeitet werden.

Zweiter Entwurf V.
(Juli 1913).
Wechselstromgrößen.
A. Begriffe und Namen.[1])

In einem Stromzweige seien gemessen:

I der effektive Strom,

E die effektive Spannung zwischen zwei Punkten,

L die zwischen diesen Punkten verbrauchte (mittlere) Leistung.

Dann wird genannt

1. a) I Strom,
   b) L/E Werkstrom,
   c) $\sqrt{I^2 - (L/E)^2}$ Blindstrom,

2. a) E Spannung,
   b) L/I Werkspannung,
   c) $\sqrt{E^2 - (L/I)^2}$ Blindspannung,

---
[1]) Die benützten Zeichen sind nicht auch als Vorschläge aufzufassen. Ihre Festsetzung oder Ersetzung durch andere bleibt späteren Verhandlungen vorbehalten.

3. a) $E \cdot I$ Scheinleistung,
   b) L Leistung,
   c) $\sqrt{(E \cdot I)^2 - L^2}$ Blindleistung,
4. a) E/I Scheinwiderstand,
   b) L/I^2 Werkwiderstand,
   c) $\sqrt{(E/I)^2 - (L/I^2)^2}$ Blindwiderstand,
5. a) I/E Scheinleitwert,
   b) L/E^2 Werkleitwert,
   c) $\sqrt{(I/E)^2 - (L/E^2)^2}$ Blindleitwert,
6. $L/(E \cdot I)$ Leistungsfaktor.

Ferner werden genannt:
der mit Gleichstrom gemessene Widerstand des Leiters: Gleichwiderstand,
der Widerstand, der durch Multiplikation mit der Zeit und dem Quadrat des Stromes die in dem Leiter entwickelte Wärme bestimmt: Echtwiderstand.

Kann und will man die Blindgrößen nach ihren Ursachen unterscheiden, so sollen sie Induktions- oder Kapazitätsgrößen genannt werden, z. B. Induktionswiderstand, Kapazitätswiderstand usw.

Erläuterungen
von J. Teichmüller und R. Richter.

Der frühere die Wechselstromgrößen behandelnde „Entwurf V" hat nach den Äußerungen, die dem AEF von den beteiligten Vereinen zugegangen sind, im wesentlichen Beifall gefunden. Nur gegen das Vorwort „Quer", besonders in „Querwiderstand", und teilweise auch gegen das Vorwort „Leistung", besonders in „Leistungsstrom", ist Einspruch erhoben worden. Gegen „Quer" wurde eingewandt, daß mit diesem Worte keine physikalische Vorstellung verknüpft werden könne, sondern daß es lediglich auf die bekannte Darstellung der Wechselstromgröße zurückzuführen sei, bei der der „Querstrom" (jetzt Blindstrom) quer zum „Leistungsstrom" (jetzt Werkstrom) aufgetragen wird. Außerdem habe das Wort „Querwiderstand", im Gegensatz zu Längswiderstand, in der Technik bereits eine andere ganz bestimmte Bedeutung. Gegen das Wort „Leistung" wurde eingewandt, daß es besonders in der Verbindung „Leistungsstrom" unbequem auszusprechen sei, und daß es, zum mindesten im Druck, sehr leicht mit „Leitung" verwechselt werden könne.

Von einigen Seiten wurde das Bedürfnis nach neuen Namen überhaupt geleugnet und befürwortet, die bis dahin vielfach üblichen Namen, insbesondere die Namen Wattstrom und wattloser Strom, beizubehalten, da sie einwandfrei seien und sich bewährt hätten. Der AEF hat sich nicht auf diesen Standpunkt stellen können, erkennt es vielmehr als seine Aufgabe, der Elektrotechnik für die genau bestimmten Begriffe auch Namen zur Verfügung zu stellen, mit denen man sich sprachlich einwandfrei und — unter Berufung auf den AEF — allseits verständigen kann. Der Praxis wird es dann zu überlassen sein, ob sich die vorgeschlagenen Namen an Stelle bisher verbreiteter (wie Wattstrom und wattloser Strom), die natürlich nicht gewaltsam verdrängt werden sollen, zu allgemeinem Gebrauch einbürgern werden.

Im Laufe der Verhandlungen stellte sich mehr und mehr das Bedürfnis nach einem ganzen System von Namen, also nach einheitlich gebildeten Namen für alle hier etwa in Betracht kommenden Größen heraus, während sich der AEF bis dahin absichtlich auf die wichtigsten Größen beschränkt hatte. Das Streben, diesem Bedürfnis zu genügen, erschwerte die Auffindung passender Namen erheblich, denn ein Vorwort, das für die eine Größe, z. B. eine Widerstandsgröße, sehr gut paßte, eignete sich nicht immer auch für die andere Größe, etwa für eine Stromgröße.

Die beiden gewählten Vorsilben „Werk" und „Blind" finden ihre Erklärung durch das Verhältnis, in dem die zu benennende Größe zur Leistung steht. „Werk" ist an Stelle des früher vorgeschlagenen Vorwortes „Leistung" getreten; es erschien durch seinen Anklang an „wirksam", durch seine Kürze und durch die Tatsache, daß es neuerdings in der deutschen technisch-wissenschaftlichen Literatur mehr und mehr in ähnlicher Bedeutung verwendet wird, besonders geeignet. „Blind" wurde in der Erinnerung an seine längst übliche Verwendung in der technischen und in der Umgangssprache in der Bedeutung von „nicht wirksam" oder auch „nicht eigentlich", wie in „Blindmutter", „blindes Fenster" oder „blinder Schuß" u. a., gewählt.

Als nebensächliche, aber doch erfreuliche Folge der Aufstellung des Namensystems wurde es begrüßt, daß der Name „effektiver Widerstand" nun nicht mehr nötig ist. Das Wort „effektiv" kann nun für die sogenannten quadratischen Mittelwerte eindeutig verwendet werden.

Der Name „Gleichwiderstand" ist in Einklang mit dem Namen Gleichstrom gebildet; er kann auch als Ausdruck dafür aufgefaßt werden, daß die in ihm bezeichnete Größe gleichmäßige Verteilung der Stromdichte über den ganzen Querschnitt des Leiters voraussetzt. Beim „Echtwiderstande" ist die Stromdichte infolge der Stromverdrängung (des „Skineffektes") nicht gleichmäßig verteilt. Für Gleichstrom ist also der Echtwiderstand gleich dem Gleichwiderstande. Für Wechselstrom ist der Echtwiderstand immer größer als der Gleichwiderstand.

Der AEF hat davon Abstand genommen, den Namen Leistungsfaktor — wie es dem System nach folgerichtig gewesen wäre — durch „Werkfaktor" zu ersetzen, weil der Name Leistungsfaktor ja ganz allgemein üblich ist. Bedenken gegen die Anwendung des Namens Werkfaktor können freilich nicht erhoben werden, da er aus dem System heraus ohne weiteres verständlich ist.

Die vorgeschlagenen Namen werden schon jetzt veröffentlicht, nicht nur weil sich die Einwände fast ausschließlich gegen die Namen gerichtet hatten, sondern auch weil die vielseitig verworfenen Namen, trotz dieser Ablehnung, sich in der Literatur schon einzubürgern begonnen haben. Es schien nötig, dem durch baldige Veröffentlichung neuer Vorschläge entgegenzutreten. Der AEF glaubt in dem allmählichen Eindringen der anfangs so unbeliebten Namen einen Beweis dafür erblicken zu müssen, daß Namen, auch wenn sie zuerst äußerlich befremden, sich aus inneren Gründen doch leicht durchzusetzen vermögen.

Entwurf VII. Einheitsbezeichnungen.
(April 1910).

A. Leitsätze für die Wahl von Einheitsbezeichnungen.

1. Einheitsbezeichnungen werden ausschließlich durch gerade lateinische Buchstaben dargestellt. Punkte sind als Zeichen der Abkürzung nicht beizusetzen.
2. Die Einheitsbezeichnungen werden hauptsächlich in Verbindung mit Zahlenwerten benutzt. In Formeln aus Buchstaben empfiehlt es sich, die Einheitsbezeichnung unverkürzt zu schreiben.
3. Einheitsbezeichnungen sind entweder Einheitszeichen oder Abkürzungen. Die Zeichen unterscheiden sich in einfache und zusammengesetzte Zeichen. Ein einfaches Zeichen besteht aus einem einzigen Buchstaben. Ein zusammengesetztes Zeichen besteht aus mehreren einfachen Zeichen. Eine Abkürzung benutzt für eine Einheitsbezeichnung mehrere Buchstaben. Zusammensetzungen aus Zeichen und Abkürzungen werden gleichfalls gebildet.
4. Zusammengesetzte Einheitsbezeichnungen sollen so gebildet werden, daß die Ableitung der neugebildeten Einheit aus den ursprünglichen vollständig zu erkennen ist.
5. Die Vielfachen und Teile von Einheiten werden als letzteren durch Vorsetzen geeigneter Buchstaben abgeleitet. $M = 10^6$; $k = 10^3$; $h = 10^2$; $d = 10^{-1}$; $c = 10^{-2}$; $m = 10^{-3}$; $\mu = 10^{-6}$.
6. Ein folgerichtiges System von Einheitsbezeichnungen kann sich nur auf Einheitszeichen aufbauen. Abkürzungen sind dazu nicht geeignet.
7. Es ist danach zu streben, die vorhandenen Abkürzungen nach und nach durch Zeichen zu ersetzen.
8. Die Einheitsbezeichnungen sollen nach Möglichkeit so gewählt werden, daß sie international gebraucht werden können.

B. Zeichen und Abkürzungen.

9. Die Einheiten für Maß und Gewicht werden durch kleine lateinische Buchstaben, sehr kleine Einheiten durch kleine griechische Buchstaben dargestellt.
   a) Längen: m; km; dm; cm; mm; μ = 0,001 mm.
   b) Flächen: a; ha; m²; km²; dm²; cm²; mm².
   c) Räume, Hohlmaße: l; hl; dl; cl; ml; λ = 0,001 ml; m³; km³; dm³; cm³; mm³.
   d) Gewichte oder Massen: t; g; kg; dg; cg; mg; γ = 0,001 mg.
10. Einheiten der Zeit.
    a) Zeiträume (Zeichen auf der Linie): Stunde st; Minute mn; Sekunde sk.
    b) Zeitpunkte, Uhrzeiten (Zeichen erhöht): Stunde ʰ; Minute ᵐ n; Sekunde sec.

11. Einheiten für mechanische Größen:
    a) Kräfte werden entweder im absoluten Maßsystem (CGS, Dyn) gemessen, oder durch die Schwere von Gewichten; wenn im zweiten Falle die Einheiten der Masse von denen der Kraft unterschieden werden sollen, ist der Einheitsbezeichnung der Kraft ein Stern beizusetzen, z. B.: g*, kg* und dies als Schweregramm, Kraftgramm oder ähnlich auszusprechen.
    b) Arbeit: Meterkilogramm mkg; Pferdestärkenstunde PSt; Wattstunde Wst; Kilowattstunde kWst, vergl. unter c).
    c) Leistung: Pferdestärke, Pferd: Abkürzung PS, einfaches Zeichen P; Watt und Kilowatt W, kW.
    d) Spannung: kg*/mm²; kg*/cm²; Kraftkilogramm oder Kilogramm auf das Quadratmillimeter, auf das Quadratzentimeter.
    Atmosphäre, Abkürzung:
    1 Atm = 76 cm Hg von 0° (physikalische Atmosphäre);
    1 at = 1 kg*/cm² (technische Atmosphäre).
12. Einheiten für Wärmegrößen:
    °C, Celsiusgrad. Cal, Kilogramm-Kalorie; cal, Gramm-Kalorie.
13. Einheiten für Lichtgrößen:
    HK Kerze (Hefnerkerze); Lm Lumen (Hefnerlumen), Lx Lux (Hefnerlux).
14. Die Einheiten für elektrische und elektromagnetische Größen werden durch große lateinische Buchstaben bezeichnet:

Ampere	A	Siemens	S	Watt	W
Volt	V	Coulomb	C	Farad	F
Ohm	Ω	Joule	J	Henry	H

Zusammengesetzte Einheiten:

| Voltcoulomb | VC | Voltampere | VA |
| Wattstunde | Wst | Amperestunde | Ast |

Abgeleitete Einheiten:

| Milliampere | mA | Mikrofarad | μF |
| Kilowatt | kW | Megohm | MΩ |

Erläuterungen
von K. Scheel und K. Strecker.

Die Einheitsbezeichnungen haben sich im Laufe der Zeit und im allgemeinen regellos gebildet; auch wenn einmal eine Regel befolgt wurde, stellte man bei einer anderen Gelegenheit wieder eine andere auf. Es scheint nicht möglich, in diese Mannigfaltigkeit eine bestimmte und völlig klare Ordnung zu bringen, denn es soll dabei auch an dem bestehenden nicht wesentlich geändert werden.

Die wenigen Leitsätze, die dazu dienen sollen, einerseits für das Vorhandene ohne Zwang eine gewisse Ordnung zu schaffen, andererseits für die Zukunft eine bestimmte Richtung vorzuzeichnen, bilden den Abschnitt A.

Im einzelnen ist zu bemerken:

Zu Nr. 1. Man pflegt die Einheitsbezeichnungen im Gegensatz zu den kursiven Formelzeichen durch gerade Buchstaben darzustellen;

dies entspricht auch der vom deutschen Bundesrat bei Einführung der Einheitszeichen für Maß und Gewicht beobachteten Regel.

Zu Nr. 2. Beim Formelrechnen wird die Einheit in der Regel nur am Anfang und Ende der Rechnung angegeben. Manchmal ist hierbei die Angabe einer Maßeinheit überflüssig, weil die Rechnung für jede beliebige Einheit gilt; die Einheit anzugeben, wird erst erforderlich, wenn bestimmte Zahlenwerte in die Formel eintreten.

Zu Nr. 4. Bezeichnungen wie skl (Sekundenliter) sind falsch; es muß statt dessen heißen: l/sk oder l.sk^{-1} (Liter in der Sekunde). Über die letzten Bezeichnungen, die beide richtig sind, läßt sich nach dem Gebrauch keine Entscheidung treffen. Einheitsdoppelbezeichnungen, wie PS, NK sehen wie zusammengesetzte Bezeichnungen aus und sind daher nach Möglichkeit zu vermeiden. Ebenso ist das getrennt geschriebene H K nicht zu verwenden. Vielleicht lassen sich nach Analogie des vielgebrauchten HK Zeichen für solche Einheiten finden.

Zu Nr. 5. Das ursprünglich vorgesehene deka-, D, wird nicht gebraucht; das $M = 10^6$ ist als großer griechischer Buchstabe aufzufassen. Mit μ zugleich 0,001 mm (vergl. Nr. 9, a) und das 10^{-6}-fache einer Einheit zu bezeichnen, hat keine Bedenken, da eine Verwechslung ausgeschlossen erscheint, wie ja auch die doppelte Benutzung von m als Meter und als Bezeichnung des 10^{-3}-fachen einer Einheit, selbst da, wo beide m (in mm) zusammentreten, keine Unzuträglichkeiten mit sich bringt.

Zu Nr. 6. Ein folgerichtiges System würde voraussetzen, daß alle seine Glieder nach denselben Grundsätzen gebildet wären. Da nun Abkürzungen und zusammengesetzte Zeichen äußerlich nicht zu unterscheiden sind, kann nach den vorliegenden Sätzen und aus den jetzt gebräuchlichen Einheitszeichen kein folgerichtiges System gebildet werden. Man wird ein solches erst haben, wenn alle Abkürzungen und Doppelzeichen verschwunden sind.

Zu Nr. 7. Es wird nicht daran gedacht, etwa die vorhandenen Abkürzungen und Doppelzeichen mit einem Male zu beseitigen; die im Abschnitt B getroffenen Festsetzungen zeigen dies ja deutlich. Wie der Satz Nr. 6 anzuwenden ist, zeigt Nr. 11c, wo neben der gebräuchlichen Abkürzung PS das einfache Zeichen P für zulässig erklärt wird.

Zu Nr. 8. Der vorliegende Entwurf befaßt sich ausschließlich mit den Einheitsbezeichnungen; der Leitsatz 8 gilt also auch nur diesen und nicht etwa den Fachausdrücken im allgemeinen.

Es gibt eine größere Zahl Einheitsnamen aus den Landessprachen: Fuß, Zoll, Pfund und andere. Diese Einheiten werden in vielen Ländern gebraucht, aber ziemlich jedes Land hat seinen eigenen Fuß, sein eigenes Pfund usw. Erst die Einführung des Meters und des Kilogrammes hat hier die erwünschte Einheitlichkeit gebracht, und es wird wohl von niemand bezweifelt, daß die Schaffung dieser Übereinstimmung zu den wichtigsten Fortschritten zugunsten des internationalen Gedanken- und Güteraustausches gehört. Auf diesem Wege ist die Elektrotechnik weitergegangen; sie hat ihre Einheiten nach Größe und Namen international festgelegt; was ein Ampere, ein Volt, ein Ohm sei, weiß man in allen Kulturländern, und dazu gehört neben der einheitlichen Festsetzung für die Größe der Einheit auch der einheitliche Name. Fehlt dieser, so gibt es leicht Unterschiede in den Werten von Einheiten, die der Absicht nach übereinstimmen sollten; z. B. gebrauchte man in England lange das Ohm der British Association, die B. A. U. (British Association Unit), welches gleich 0,9866 (internat.) Ohm war; man gebrauchte als dem Sinne nach gleich Pferdestärke PS und Horsepower HP, von denen das erste = 736, das zweite 746 Watt ist.

Da die Wissenschaft schon in hohem Grade international ist und es täglich mehr wird, ist es eine natürliche Forderung, daß Zahlenangaben in einer international leicht verständlichen Weise gemacht werden. Liest man einen englischen Aufsatz, in dem mechanische Spannungen nach Pfund auf Quadratzoll ausgedrückt werden, so ist man in der unbequemen Lage, diese Zahl umzurechnen. Im angeführten Beispiel ist das noch leicht, aber es kommen häufig schwierigere und umständlichere Rechnungen dieser Art vor. Da es nun praktisch, für die Anschauung, für den Gebrauch der Ergebnisse, auf die Zahlenangaben ankommt, so sollte man jede Erschwerung in deren Verständnis vermeiden. Dazu gehört, daß die Einheiten verschiedener Länder für dieselbe Größe gleich sind und dies findet den klarsten und besten Ausdruck im gleichen Namen.

Der Abschnitt B enthält die Festsetzungen für die gebräuchlichen Einheiten.

Zu Nr. 9. Der Deutsche Bundesrat hat vorgeschrieben („Zentralblatt für das Deutsche Reich", Bd. 5, 1877, S. 565): km, m, cm, mm; t, kg, g, mg; ha, a; hl, l. Vom Comité international des poids et mesures (Proc. Verb. 1879, S. 41) sind eingeführt worden: dm, μ = 0,001 mm, dm², dm³, dl, cl, ml, λ = 0,001 lm, dg, cg, γ = 0,001 mg. Diese Zeichen stehen im internationalen Gebrauch der Wissenschaft. Nicht zu benutzen ist das vom Bundesrat vorgeschriebene dz (Doppelzentner), weil diese Bezeichnung niemals auf internationale Annahme rechnen kann. Der Deutsche Bundesrat schrieb ursprünglich vor: qkm, qm, qcm, qmm, cbm, ccm, cmm. Durch späteres Gesetz („R.-Ges.-Bl." 1893, Nr. 15, S. 151 bis 152) ist die Bezeichnung von Flächen oder Räumen durch die Quadrate oder Würfel des Zentimeters und des Millimeters als zulässig bezeichnet, also cm², mm², cm³, mm³. Diese letztere Bezeichnungsart ist im internationalen Interesse vorzuziehen. Nicht im Gebrauch sind die vom Com. intern. vorgeschlagenen Einheitszeichen s (Stère) = 1 m³ und q (Quintal) = 10⁴ kg. Zulässig ist die Bildung mμ = 10^{-6} mm (bei Wellenlängenangaben, an Stelle des unlogisch gebildeten $\mu\mu$ oder des falsch gebildeten μ²; $\mu\mu$ würde nach gegenwärtigem Vorschlage = 10^{-9} mm sein).

Zu Nr. 10. Die Unterscheidung der Einheitsbezeichnungen für Zeiträume und Zeitpunkte erscheint erwünscht und wird häufig benutzt. Im einzelnen hat sich für die Abkürzungen indessen noch kein feststehender Gebrauch herausgebildet. Die jetzt vorgeschlagene Abkürzung dürften zur Zeit am meisten benutzt werden. Es bedeutet also 3^h 20^{min} einen Zeitpunkt: 3 Uhr 20 Minuten; 3 st 20 mn eine Zeitdauer: 3 Stunden 20 Minuten.

Zu Nr. 11a. In Analogie mit „das Erg" empfiehlt sich der Gebrauch von „das Dyn" an Stelle von „die Dyne". Die Schreibweise g* für Schweregramm usw. verdient den Vorzug vor dem ebenfalls gebräuchlichen g-Gew., weil die Abkürzung Gew. nicht allgemein genug ist (es kann auch Druck oder Zug gemeint sein) und niemals internationale Gültigkeit erlangen kann. Schweregramm, Kraftgramm verdient den Vorzug vor Grammschwere, Grammkraft, weil -schwere und -kraft nicht als Einheitsnamen dienen können, weil die Veränderlichkeit des Namens nicht in seinem Hauptteil (dem letzten Bestandteil des Wortes) liegen darf, und wegen der Bildung der Mehrzahl: 100 g* = 100 Schweregramm, aber nicht = 100 Grammschweren. Übrigens ist die Hinzufügung des Sterns immer nur dann erforderlich, wenn man zwischen Kraft und Masse zu unterscheiden wünscht.

Zu Nr. 11b. Genau genommen sollte es statt „Meterkilogramm" heißen „Meter-Kraft-Kilogramm". Meterkilogramm (mkg) wird vor dem gleich oft gebrauchten Kilogrammeter (kgm) bevorzugt, weil das letztere an Amperemeter und dergleichen erinnert.

Für die Pferdekraftstunde wird ein Zeichen gebraucht; es scheint aber bisher kein gutes Zeichen zu geben. Nach dem späteren 11c wird neben PSst auch Pst vorgeschlagen. Außerdem Wattstunde Wst und Kilowattstunde kWst (vergl. auch die Erläuterung zu 14).

Zu Nr. 11c. In der Ingenieurwissenschaft wird allgemein P.S. für Pferdestärke gebraucht. Diese Abkürzung wird man nicht beseitigen können. Dagegen kann man jedenfalls PS ohne Punkte schreiben. Es scheint aber nötig, für eine so wichtige Einheit auch ein Zeichen zu haben; als solches wird seit Jahren schon P gebraucht. Es wird also empfohlen, neben PS auch P zuzulassen. H P, das englische Horsepower, ist dagegen im Sinne von PS oder P nicht zu gebrauchen; denn 1 HP = 746 Watt, 1 P = 736 Watt. Das Zeichen PS oder P kann nicht auf internationale Annahme rechnen. Es ist ausgeschlossen, für diese Einheit ein neues Zeichen zu finden, da die Ingenieurwissenschaft auf eine solche Änderung nicht eingehen wird. Anderseits wird mit der Zeit die Pferdestärke als Einheit verschwinden und an ihre Stelle Watt und Kilowatt treten, die schon international sind; es scheint also auch nicht erforderlich, für die Einheit der mechanischen Leistung noch ein international brauchbares Zeichen aufzustellen.

Zu Nr. 11d. Die vorgeschlagene Aufstellung zweier Abkürzungen für die Atmosphäre des Physikers und die des Ingenieurs ist wohl auf Grund des herrschenden Gebrauchs empfehlenswert.

Zu Nr. 12. In der Technik wird häufig die „Wärmeeinheit" gebraucht, welche ihrer Größe nach nichts anderes als die Kalorie (Ton auf dem i) ist. Der AEF schlägt vor, diesen Gebrauch fallen zu lassen, und zwar aus folgenden Gründen:

a) Wärmeeinheit ist kein Name, sondern ein allgemeiner Begriff; es gibt mehrere Wärmeeinheiten, und man darf daher nicht eine von ihnen als „die" Wärmeeinheit bezeichnen. Chwolson, Lehrbuch der Physik, Bd. 3, 1905, sagt: „Die theoretische Einheit der Wärmemenge, welche auch mechanische Einheit genannt werden kann, ist einer Wärmemenge gleich, die einer Arbeitseinheit äquivalent ist. In dem CGS-System gilt als Arbeitseinheit das Erg; die demselben äquivalente Wärmemenge kann als Einheit der Wärmemenge benutzt werden und wird in diesem Falle ebenfalls Erg genannt. Eine Million Erg bilden 1 Megaerg, 10 Megaerg = 1 Joule. Es ist praktisch nicht immer ausführbar, die Wärme durch eine ihr äquivalente Arbeit zu messen. Wir müssen daher eine praktische Wärmeeinheit wählen, ..." als welche dann die Kalorie (und zwar mit diesem Namen) eingeführt wird. Hier werden also drei Wärmeeinheiten aufgezählt: die mechanische, das Erg; die elektrische, das Joule; die praktische, die Kalorie.

Die Technik rechnet allerdings meistens mit einer einzigen; aber ganz abgesehen von dem Gebrauch ist es eine logische Forderung, den Gattungsbegriff Wärmeeinheit nicht als Namen für eine bestimmte Wärmeeinheit zu benutzen.

Die Aufgabe des AEF ist aber, nicht nur für die Technik, sondern für die ganze Wissenschaft zu sorgen; die Wissenschaft benutzt tatsächlich mehrere verschiedene Wärmeeinheiten. Daher kann der AEF den Gebrauch des Wortes Wärmeeinheit als eines Namens für die Einheit der Wärmemenge auch aus diesem Grunde nicht empfehlen.

b) Nach unserem Leitsatz 8 sollen die Einheitsbezeichnungen so gewählt werden, daß sie international gebraucht werden können. Kalorie ist im deutschen üblich und wird im französischen und englischen gebraucht. Es ist von einem lateinischen Wort abgeleitet und läßt sich in allen Sprachen leicht aussprechen. „Wärmeeinheit" ist international nicht zu gebrauchen, weil es von Franzosen, Engländern und Amerikanern nicht ausgesprochen werden kann.

Zu Nr. 13. Die Einheiten für die Lichtgrößen sind im Jahre 1897 vom Verbande Deutscher Elektrotechniker, dem Elektrotechnischen Verein und dem Verein der Gas- und Wasserfachmänner festgesetzt worden. Wenn eine weitere Einigung über diese Einheiten Schwierigkeiten machen sollte, könnten sie, als minder allgemein wichtig, wegbleiben.

Zu Nr. 14. Für die elektrischen Einheiten sind bereits vielfach große lateinische Buchstaben im Gebrauch und es scheint, daß sich das allgemein durchführen ließe, um Einheitlichkeit zu erzielen. Die zwischen O und 0 (Null) mögliche Verwechslung wird vermieden durch Annahme der von Kohlrausch eingeführten Bezeichnungsweise für Ohm, nämlich Ø [1]; beim Schreiben läßt man die Pfeilspitze weg: Ø. Die nach Nr. 5 folgerichtig gebildeten Zusammensetzungen, bei denen einem großen lateinischen Buchstaben ein kleiner vorgesetzt ist, z. B. kW = Kilowatt, mögen zunächst etwas befremdend wirken, doch wird man sich leicht an diese Bezeichnungsweise gewöhnen können. Ampere ist nach dem deutschen Gesetz für die elektrischen Maßeinheiten vom 1. VI. 1898 nicht mit è zu schreiben.

---

[1]) Dieser Vorschlag ist von dem verstorbenen Direktor im Reichsamt des Innern Hopf, bei einer Sitzung von Vertretern der Elektrotechnik gemacht worden; er bezog sich auf alle elektrischen Einheitszeichen.

Zu diesem Entwurf (veröffentlicht 1910) liefen so zahlreiche Äußerungen und so viel Änderungsvorschläge ein, daß es nötig war, den Teil B in neuer Fassung zur Beratung zu stellen (veröffentlicht 1913):

Zweiter Entwurf VII.
(März 1913).

Der Teil A. bleibt ungeändert.

B. Zeichen und Abkürzungen.

9. Einheiten für Raummaße:
   a) Länge: m; km; dm; cm; mm; $\mu = 0{,}001$ mm.
   b) Fläche: a; ha; m²; km²; dm²; cm²; mm².
   c) Raum, Hohlmaß: l; hl; dl; cl; ml; $\lambda = 0{,}001$ ml; m³; km³; dm³; cm³; mm³.

10. Einheiten für die Zeit.
    a) Zeitraum (Zeichen auf der Linie): Stunde h; Minute min (m); Sekunde s.
    b) Zeitpunkt, Uhrzeit (Zeichen erhöht): Stunde ʰ; Minute ᵐⁱⁿ (ᵐ); Sekunde ˢ.

11. Einheiten für mechanische Größen.
    a) Masse: t; g; dt; kg; dg; cg; mg; $\gamma = 0{,}001$ mg.
    b) Kraft: Dyn; 10^8 Dyn = 1 Vis, v; die Schwere eines Gramms unter 45° Breite heißt Bar, b, die Schwere eines Kilogramms Kilobar, kb, die Schwere einer Tonne Megabar, Mb; 1 v ≈ 102 kb.
    c) Arbeit: Erg; Joule J; 1 J = 10^7 Erg; Vismeter vm; Wattstunde Wh; Kilowattstunde kWh, vergl. unter d) 1 kWh = 3600 vm. — Barmeter, bm; Kilobarmeter kbm; 1 vm = 1 kJ ≈ 102 kbm.
    d) Leistung: Watt und Kilowatt W, kW; neben Kilowatt auch Großpferd GP; 1 kW = 1 GP = 1 vm/s.
    e) Spannung: Vis auf das Quadratzentimeter v/cm², Kilobar auf das Quadratmillimeter, auf das Quadratzentimeter, kb/mm², kb/cm².

    Atmosphäre, Abkürzung:
    1 Atm = 76 cm Hg von 0° (physikalische Atmosphäre);
    1 at = 1 kb/cm² (technische Atmosphäre).

12. Einheiten für Wärmegrößen:
    Celsiusgrad °C; Gramm-Kalorie cal; Kilogramm-Kalorie kcal.

13. Einheiten für Lichtgrößen:
    Kerze (Hefnerkerze) HK; Lumen (Hefnerlumen) Lm; Lux (Hefnerlux) Lx.

14. Einheiten für elektrische Größen:

Ampere	A	Siemens	S	Watt	W
Volt	V	Coulomb	C	Farad	F
Ohm	Ω	Joule	J	Henry	H
Voltcoulomb	VC	Voltampere		VA
Wattstunde	Wh	Amperestunde		Ah
Milliampere	mA	Mikrofarad		μF
Kilowatt	kW	Megohm		MΩ

Bericht über die Äußerungen zum Entwurf VII, Einheitsbezeichnungen.

Von K. Scheel und K. Strecker.

Es lagen Äußerungen vor vom Elektrotechnischen Verein, dem Verein Deutscher Ingenieure (Bezirksvereine Berg, Bodensee, Braunschweig, Dresden, Elsaß-Lothringen, Franken-Oberpfalz, Hamburg, Karlsruhe, Köln, Magdeburg, Mannheim, Oberschlesien, Ostpreußen, Rheingau, Schleswig-Holstein, Unterweser, Württemberg), dem Verein Deutscher Maschineningenieure, dem Schleswig-Holsteinschen Elektrotechnischen Verein, von Herrn Professor Grübler in Dresden, Herrn Geh. Baurat Pfarr in Darmstadt und Herrn Regierungsbaumeister A. Grube in Breslau. Ferner ist bei den Verhandlungen einer Kommission der Internationalen Elektrotechnischen Kommission auf den Gegenstand eingegangen worden, auch liegt eine bei dieser Gelegenheit herbeigeführte Äußerung des Herrn Professor Guillaume (Bureau international des poids et mesures) und des Herrn Professor Janet, Paris, vor.

Im ganzen lauten die Äußerungen zustimmend. Der Teil A des Entwurfes der Leitsätze hat allgemein Zustimmung gefunden. Die Vorschläge des Teils B dagegen haben mancherlei, und starken Widerspruch erfahren.

Zu B 9 d, Gewichte oder Massen: es wird eine Bezeichnung für 100 kg gewünscht; das vom deutschen Bundesrat vorgeschlagene dz, Doppelzentner, sei ungeeignet (wie auch schon in den früheren Erläuterungen angegeben wurde); es wird aber bestritten, daß q, Quintal, nicht im Gebrauch sei; vielmehr werde diese Gewichtseinheit in Frankreich und Italien viel gebraucht. Von anderer Seite wird hkg und dt, Hektokilogramm und Dezitonne, vorgeschlagen. hkg ist nicht zu empfehlen; mehrfache Vorsätze werden sonst nicht benutzt. Dagegen wäre gegen dt nicht viel einzuwenden. Erkundigungen haben ergeben, daß tatsächlich quintal in Frankreich, quintale in Italien viel gebraucht wird. Doch scheint es sich nicht gerade zum internationalen Gebrauch zu eignen, da dem q weder im Deutschen noch im Englischen eine passende Bedeutung untergelegt werden kann.

Es wird daher dt vorgeschlagen und zur Erörterung gestellt. Da das Zeichen dz vom Deutschen Bundesrat vorgeschrieben ist, kann selbstverständlich der AEF nicht statt dessen ein anderes Zeichen einführen; es handelt sich vielmehr zunächst um die Frage, ob die Gründe, die gegen dz sprechen, wichtig genug sind, um eine Änderung anzustreben, und ob dt als geeigneter Vorschlag anzusehen ist. Weitere Schritte bei den Behörden, um eine Änderung des Zeichens für 100 kg herbeizuführen, müßten vorbehalten bleiben.

Zu 10. Die Abkürzungen st, mn, sk haben keinen Beifall gefunden; es wird hervorgehoben, daß st nicht international zu gebrauchen sei (Leitsatz A 8); auch liefern es ungeschickte Zusammenstellungen, z. B. kWst, Ast. Es wird vorgeschlagen,

1. dieselben Zeichen für Zeiträume und Zeitpunkte zu gebrauchen, die ersten auf der Linie, die zweiten erhöht: h, min, sec;

2. Zeiträume, h, min, sec auf der Linie; Zeitpunkte h (erhöht), ´, ´´;
3. für Sekunde das Zeichen s;
4. die Zeitpunkte der Uhrzeiten in einer der folgenden Formen anzugeben: 3^{20} oder $3^{2\,´\,10´´}$ oder 3.20.10.
5. Minute und Sekunde nicht mn, sk abzukürzen, sondern min, sek, und auch bei den Zeitpunkten sek zu schreiben.

Auch die Verhandlungen der IEC haben große Abneigung gegen das Zeichen st für Stunde ergeben. International brauchbar ist nur h, hora, heure, hour, das ja auch unserem Uhr zugrunde liegt.

Vom AEF wird empfohlen, als Zeichen für Stunde h, als Zeichen für Sekunde s zu nehmen. Für Minute läßt sich m nicht allgemein anwenden. Es scheint aber zweckmäßig, einfaches m da zuzulassen, wo kein Zweifel möglich ist; also bei Angaben, wo gleichzeitig mit den Minuten noch Stunden oder Sekunden angegeben werden, wie $3^h\,20^m$ oder $5\,m\,20\,s$. Im übrigen erscheint es erwünscht, als die alleinstehende Abkürzung für Minute das allgemein gebräuchliche min, nicht wie im bisherigen Vorschlag mn, zu wählen.

Die Schreibweise sek empfiehlt sich nicht; sie ist international zu gebrauchen. Anderseits dürfte es zu weit gehen, in solchen Fällen sich auf die deutsche Rechtschreibung zu berufen; wir schreiben ja auch Zentimeter und gebrauchen als Zeichen cm.

Die Zeichen für Bogenminute und -sekunde auch für die Zeit anzuwenden, scheint nicht zweckmäßig; Verwechslungen und Zweifel dürften nicht ausbleiben. Die Bogenminute z. B. ist der 5400. Teil des Kreises, die Zeitminute der 1440. Teil des Tages. Die Zahlen ohne Einheitszeichen nebeneinander zu schreiben, wie in Fahrplänen, erscheint da unbedenklich, wo nur von Zeitangaben die Rede ist; allein um diesen Fall handelt es sich nicht; vielmehr soll jede vollständige Angabe einer Größe stets auch die Angabe der Einheit, in der sie ausgedrückt wird, enthalten.

Zu 11 a und b. Die vorgeschlagene Unterscheidung zwischen Masse und Kraft hat zwei verschiedene Arten von Widerspruch hervorgerufen. Während die Einen dem Sinn des gemachten Vorschlags zustimmen, den Stern als Kennzeichen der Kraft aber ablehnen, wünschen die Andern entgegengesetzt dem Vorschlag, die Einheit der Kraft ohne Kennzeichen zu lassen, den Stern aber der Einheit der Masse anzuhängen. Diese Verschiedenheit beruht auf den gewohnten Maßsystemen, dem absoluten und dem technischen.

Es liegen schließlich zwei Vorschläge vor, der eine, die Masseneinheit, der zweite, die Krafteinheit anders zu nennen. Den Einheiten der Masse und der Kraft verschiedene Namen zu geben, scheint unerläßlich zu sein. Daß man die im bürgerlichen Leben allgemein gebräuchliche Masseneinheit, die gesetzlich und international Gramm heißt, nunmehr anders nennen könnte, ist ausgeschlossen. Damit fällt der eine Vorschlag, wonach die Masseneinheit Newton genannt werden sollte. Es bleibt nur der Vorschlag, die Krafteinheit, die bisher von den Ingenieuren Gramm genannt wurde, anders zu nennen. Herr E. Budde hat dafür den Namen Bar (vom griechischen βαρυς, schwer) vorgeschlagen (vgl. „ETZ" 1911, Seite 53, „Zschr.

d. Ver. dtsch. Ing." 1913). Im Jahre 1900 ist auf dem Physikerkongreß in Paris der Beschluß gefaßt worden, die absolute Einheit für den Druck auf die Flächeneinheit Barye zu nennen. Herr Bjerknes hat um dieselbe Zeit die Größe 10^6 Dyn/cm^2 ein Bar genannt. Wann der Name in dieser Bedeutung zum erstenmal in einer Veröffentlichung gebraucht wurde, hat sich noch nicht feststellen lassen. Die neue Einheit wird in der Ozeanographie und Meteorologie bereits viel gebraucht. Die Internationale Kommission für wissenschaftliche Luftschiffahrt hat im Mai 1912 den Beschluß gefaßt, diese Einheit einzuführen; der Beschluß bedarf noch der Bestätigung durch das Internationale meteorologische Komitee (März 1913, Rom). Der Einheitsname Bar ist ferner 1904 von Herrn Th. W. Richards empfohlen (The methods of determining compressibility, Carnegie-Publication, Nr. 7; Zeitschrift f. physik. Chemie, Bd. 49, S. 1); das Bar sollte der Druck eines Dyn auf 1 cm^2 sein. Diese Einheit ist inzwischen auch in wissenschaftlichen Arbeiten benutzt worden.

Es kann demnach bezweifelt werden, ob man den Namen Bar für die Krafteinheit benutzen darf; wenn man dies nicht für zulässig hält, muß ein anderer Name gefunden werden. Doch sollte zunächst die Erörterung nicht durch die Wahl des neuen Namens, der vermutlich gerade bei dieser Erörterung gefunden wird, aufgehalten werden; es ist daher, vorbehaltlich einer Änderung des Namens selbst, vorläufig Bar dafür gesetzt worden. Das Tausendfache davon heißt alsdann Kilobar (Schwere des Kilogramms), das Millionfache Megabar (Schwere der Tonne). Mit der Annahme dieses Vorschlages, für die Schwere des Gramms einen neuen Namen zu wählen, würden zahllose Schwierigkeiten und Mißverständnisse verschwinden. Er wird demnach dringend empfohlen.

Herr Grübler schlägt noch eine weitere Einheit vor. Die Krafteinheit des CGS-Systems, das Dyn, ist eine für technische Rechnungen unbequem kleine Kraftgröße; auch das Megadyn ist für viele Rechnungen noch nicht groß genug, wohl aber die Kraft, welche der Tonnenmasse die Beschleunigung 1 ms^{-2} (die Beschleunigungseinheit im metrischen System) erteilt. Diese Krafteinheit (Grübler hat sie in der „Zeitschr. d. Ver. dt. Ing." 1892, S. 834, für sie das Wort „vis" in Vorschlag gebracht) beträgt 10^9 Dyn = 100 Megadyn und entspricht annähernd der Schwere von 100 kg. Die entsprechende Arbeitseinheit wäre das Vismeter; die zugehörige Leistungseinheit, 1 Vismeter in der Sekunde, ist unter dem Namen Kilowatt eine längst bekannte Größe. Die vorgeschlagene Krafteinheit paßt demnach besonders gut in das vom absoluten Maßsystem abgeleitete System der Elektrotechnik.

Als Einheitszeichen würde man nehmen v = vis, vm = Vismeter; 1 vm/s = 1 kW. Es ist ferner 1 v $\approx$ 102 kb.

Herr Grube wünscht zwischen statischer und dynamischer Kraft zu unterscheiden; er hält sie nicht für dimensionsgleich (vgl. „Zeitschr. d. Verb. Dtsch. Ing. u. Arch.-Ver." 1912, S. 152, 162), so daß es unrichtig sei, eine Gleichung wie 1 v $\approx$ 102 kb zu schreiben. Es handelt sich bei den Bedenken des Herrn Grube um eine grundsätzliche Frage, die nicht zu dem vorliegenden Gegenstand gehört;

die hier benutzten Gleichungen beruhen auf der allgemein anerkannten Grundlage, welche zwischen statischer und dynamischer Kraft nicht unterscheidet und Gleichungen wie obige für einwandfrei hält.

Zu 11c. Wird als technische Krafteinheit Bar angenommen, so heißt die Arbeitseinheit Kilobarmeter, kbm. Man würde nicht Meterkilobar (früher Meterkilogramm) sagen; denn in dem Zeichen mkb würde m als Vorsatz vom Werte 10^{-3} aufgefaßt werden können, so daß sich mk = $10^{-3} \cdot 10^3 = 1$ ergäbe.

Zu 11d. Es wird, besonders von seiten der Elektrotechniker, aber auch aus den Reihen der Ingenieure gegen den weiteren Gebrauch der Pferdestärke Einspruch erhoben. Da diese Frage bereits durch Satz IV erledigt ist, so kann als feststehend angesehen werden, daß die Leistungseinheit das Kilowatt oder Großpferd ist; alles, was im früheren Entwurf mit der Bezeichnung Pferdestärke, Pferd zusammenhängt, also auch die Pferdestärkenstunde, fällt weg.

Zu 11e. Wird Bar als Krafteinheit angenommen, so muß auch dieser Absatz entsprechend geändert werden.

Es wird von einer Seite vorgeschlagen, die Schreibweise kb mm^{-2}, kb cm^{-2} anzuwenden. Es scheint aber besser, es bei der des Entwurfs zu belassen; der schräge Strich trennt Zähler und Nenner besser, als ein etwa zu lassender Zwischenraum, und negative Exponenten erfordern stets größere Sorgfalt beim Schreiben und Lesen. Da die Schreibweise ebenso richtig ist, wie die oben vorgeschlagene, so bleibt es jedem unbenommen, sie anzuwenden, wo er es für zweckmäßig hält.

Zu 12. Der Unterschied zwischen der Schreibweise Cal und cal wird als zu gering angesehen. Es wird außerdem darauf aufmerksam gemacht, daß das Verhältnis der beiden Kalorien, 1 : 1000, am besten dadurch ausgedrückt werde, daß man die kleine Kalorie, Grammkalorie, wie bisher mit cal, die große oder Kilogrammkalorie mit kcal bezeichnet.

Von einer Seite wird der Wunsch wiederholt, die Kalorie Wärmeeinheit zu nennen; weshalb dies nicht angeht, ist in den früheren Erläuterungen zum Entwurf VII ausführlich dargelegt worden.

Zu 13. Die Lichtgrößen haben kein erhebliches Interesse gefunden. Von einer Seite wurde der Vorschlag gemacht, Lux nicht abzukürzen, sondern auszuschreiben.

Zu 14. Statt des $\varnothing$ wird von einer Seite O mit wagerechtem Strich empfohlen. Der Blitzpfeil soll auf die elektrische Natur der dargestellten Einheit hinweisen, der wagerechte Strich hat keinen derartigen Sinn. Dagegen wird die Null oder das Nichts oft durch ein wagrecht durchstrichenes O dargestellt. Von anderer Seite wünscht man das Ω für Ohm; es liegt aber kein rechter Grund vor, von dem Leitsatz A 1 abzuweichen.

Es wird dann noch die Amperewindung, Aw, zur Aufnahme empfohlen. Es wäre zweckmäßig, hier das Ergebnis der Beratung über Entwurf IX, Durchflutung und Strombelag, abzuwarten.

Für die mit Stunde zusammengesetzten Einheiten ergibt sich noch der Vorschlag: Wattstunde Wh, Amperestunde Ah. Wir würden durch Annahme dieser Vorschläge in wünschenswerte Übereinstimmung kommen mit der Internationalen Elektrotechnischen Kommission, deren Unterkommission die unter Nr. 14 aufgeführten Einheitszeichen des AEF zum größten Teil angenommen hat. Eine Änderung wurde vorgenommen bei denjenigen Zeichen, welche die Stunde enthalten; für Stunde konnte nicht st angenommen werden, vielmehr wurde h gewählt, wie auch in diesem Bericht unter 10 vorgeschlagen wird. Besonders ist hervorzuheben, daß die Unterkommission der IEC unseren Vorschlag kW, mA, μF angenommen hat. Auch unser Vorsatz M wurde gebilligt. Dagegen trug man Bedenken, dem Vorschlag Siemens S und dem Zeichen $\varnothing$ für Ohm beizustimmen. Herr Professor Guillaume und Herr Professor Janet in Paris haben sich bei dieser Gelegenheit zu den Vorschlägen des AEF geäußert, der erstgenannte über die Längen- und Gewichtseinheiten (außer dem neuen Vorschlag dt), der andere über kW, μF usw. Jener sagt, daß unsere Vorschläge mit dem Gebrauch des Bureau International des Poids et Mesures übereinstimmen, dieser billigt unsere Schreibweise vollständig.

Zu der neuen Fassung gingen wieder Äußerungen ein, über die im nachfolgenden berichtet wird.

A. Leitsätze für die Wahl von Einheitsbezeichnungen.

(März 1914).

Es sind zwar dem AEF keine Vorschläge zu Änderungen gemacht worden; vgl. oben, S. 27. Allein während der weiteren Beratung hat sich im AEF selbst der Wunsch nach einigen kleinen Änderungen ergeben, die noch der Bearbeitung unterliegen. Der Teil A wird daher noch nicht festgestellt.

B. Zeichen und Abkürzungen.

Zu dem Bericht haben sich fast sämtliche Bezirksvereine des Vereins Deutscher Ingenieure (Aachen, Augsburg, Bayern, Berg, Berlin, Bodensee, Bremen, Breslau, Chemnitz, Dresden, Elsaß-Lothringen, Emscher, Franken-Oberpfalz, Hamburg, Hannover, Hessen, Lausitz, Lenne, Mannheim, Mark, Oberschlesien, Posen, Rheingau, Ruhr, Schleswig-Holstein, Siegen, Unterweser, Württemberg) geäußert. Einige dieser Vereine (Dresden, Franken-Oberpfalz, Oberschlesien) hatten gemeinsam mit den dortigen Elektrotechnischen Vereinen, Franken-Oberpfalz außerdem gemeinsam mit dem Mittelfränkischen Architekten- und Ingenieur-Verein beraten. Ferner hat sich geäußert der Württembergische Elektrotechnische Verein. Außerdem liegen Äußerungen vor von Herrn $\mathfrak{Dipl.\text{-}Jng.}$ Speiser, Berlin-Wilmersdorf, sowie von Herrn Prof. Grübler, Dresden.

Einheiten für Raummaße: Bemängelt werden μ = 0,001 mm und λ = 0,001 ml als überflüssig, außerdem in der doppelten Bedeutung als selbständiges Zeichen und als Vorsatz = 10^{-6}. μ wird in der Physik allgemein benutzt, besonders bei der Angabe von Wellenlängen des Lichtes; es ist daher beizubehalten. Dagegen steht λ nicht im allgemeinen

Gebrauch und ist daher von der Liste abgesetzt worden. Die doppelte Bedeutung von μ kann keine Verwirrung hervorrufen, nachdem sich die große Menge auch an m in doppelter Bedeutung (Meter und 10^{-3}), selbst dort, wo beide Bedeutungen zusammentreffen (mm = 10^{-3} m), durchaus gewöhnt hat.

Als überflüssig werden ferner die Unterscheidungen zwischen l und dm³ und ihren Unterabteilungen bezeichnet. Die Wissenschaft macht einen Unterschied zwischen beiden Maßen, der auf der Abweichung des international vereinbarten Kilogramms von der ursprünglich beabsichtigten Größe beruht. Es steht jedem frei, sich das ihm passende Einheitssystem auszuwählen, und tatsächlich sind auch Einheiten, sowohl des Liter- sowie des dm³-Systems im praktischen Gebrauch, z. B. für Flüssigkeiten meist das Liter-, für feste Körper (z. B. Sand) das dm³-System, für Gase werden beide Systeme nebeneinander gebraucht.

Von einer Seite werden auch die Potenzen in den Maßbezeichnungen (m², m³ usw.) abgelehnt. Auch cl, dl u. a. werden bemängelt.

Die Einheiten der Länge, der Fläche und des Raumes sind aufgenommen nach den Festsetzungen des Deutschen Bundesrats: km, m, cm, mm; ha, a; hl, l; m², m³ usw. („Zentralblatt für das Deutsche Reich" 1877, S. 565; „Reichsgesetz-Blatt" 1893, S. 151) und des Comité international des poids et mesures: dm, μ; dm²; dl, cl, ml; dm³; (Proc. Verb. 1879, S. 41 u. a.). Die Schreibweise qm, qcm, cbm, ccm entspricht zwar gleichfalls den Vorschriften des Deutschen Bundesrats; der AEF hat aber der oben angeführten Schreibweise den Vorzug gegeben, weil sie international verständlich ist; die IEC hat sich diesem Vorschlage angeschlossen.

Einheiten für die Zeit: Mehrfach wird m, und von einer Seite s verworfen, und allein die Bezeichnungen min und sec verlangt; für die erstere Forderung wird die Verwechselbarkeit mit m = Meter ins Feld geführt. Die einfachen Buchstaben m und s empfehlen sich der Kürze wegen aus denselben Gründen wie l, g u. a. Der Verwechselung der Zeichen für Minute und Meter wird genügend vorgebeugt durch die Bestimmung, daß da, wo Zweifel möglich sind, insbesondere, wo Minute allein steht, min geschrieben wird. Das erhöhte Zeitpunktzeichen h (Uhrzeit) wird von einer Seite als überflüssige Erschwerung für die Wiedergabe (z. B. durch die Schreibmaschine) betrachtet, daher das Zeichen h auf der Linie für Stunde Zeitraum verworfen und seine Beibehaltung für Stunde Zeitpunkt (Uhr) gewünscht. Es scheint sehr unzweckmäßig, die Einheiten für Zeiträume und Zeitpunkte durch verschiedene Buchstaben wiederzugeben; der Erleichterung für das Schreiben steht die Belastung des Gedächtnisses Aller durch weitere Buchstabenzeichen entgegen. Die bisherigen Vorschläge sind beizubehalten.

Einheiten für mechanische Größen. Der Entwurf wollte zwar das absolute und das technische Maßsystem als gleichberechtigt nebeneinander behandeln. Allein dem stellte sich der Umstand entgegen, daß schon die Grundbegriffe strittig sind. Die Ingenieurvereine äußern sich daher zu den Vorschlägen durchweg ablehnend. Während auf diesem Gebiete also eine Einigung erst noch weitere Erörterungen erfordert, schien es unzweckmäßig, die anderen Einheitszeichen, über die schon jetzt eine Verständigung erzielt ist, noch zurückzustellen. Darum sind die Einheiten für mechanische Größen im allgemeinen ausgeschieden worden. Unter den Einheiten, die im letzten Vorschlage bei den mechanischen Größen aufgeführt wurden, befindet sich auch das Gramm und die Tonne sowie die vom Gramm abgeleiteten Einheiten. Diese wichtigen Einheiten wegzulassen, schien nicht empfehlenswert. Daher werden sie — abgesehen von dt und γ — in der vorgeschlagenen Weise, welche übereinstimmt mit den Festsetzungen des Deutschen Bundesrats und des Comité international des poids et mesures (s. oben), festgesetzt, ohne daß der Streit über ihre Bedeutung als Masse, Kraft oder Gewicht berührt wird. γ wird aus demselben Grunde wie oben λ weggelassen.

Der Vorschlag Dezitonne, dt, ist dem Einwand begegnet, daß man das Zeichen dt mit dem Differential der Zeit verwechseln könne. Das scheint völlig ausgeschlossen, weil dt (Dezitonne) nach reinen Zahlenausdrücken, das Zeitdifferential aber in reinen Buchstabenrechnungen vorkommt. Statt dt wird das im Handel gebräuchliche %kg vorgeschlagen; dies kann nicht in Frage kommen. Das Zeichen % bedeutet Prozent, vom Hundert, d. h. einen Dezimalbruch, die Zusammenstellung %kg ist also sinnwidrig. Von einer Seite wird quintal gefordert; dieser Name wird aber im deutschen Sprachgebiet nicht benutzt, höchstens an den Grenzen gegen das französische und italienische Sprachgebiet.

Sonstige Einwendungen gegen dt, Dezitonne, werden nicht gemacht. Der AEF hatte sich vorbehalten, diese Einheitsbezeichnung den deutschen Behörden zu empfehlen; ehe sie vom Bundesrat angenommen wird, dürfte sie auch wohl nicht vom AEF festgesetzt werden. Daher kann sie in die endgültige Liste des AEF noch nicht aufgenommen werden.

Einheiten für Wärmegrößen. Als Zeichen für Celsiusgrad wird der erhöhte kleine Kreis ohne Zufügung des C für ausreichend gehalten, da im deutschen Sprachgebiete allgemein die Celsiussche Skala gebraucht wird. Bei absoluten Temperaturen ist ein besonderer Zusatz nötig.

Es wird von mehreren Seiten gewünscht, die Kilogramm-Kalorie als die primäre Einheit zu wählen und mit cal oder Cal zu bezeichnen. Das Zeichen für die Gramm-Kalorie wäre dann mcal oder mCal. Durch diese Wahl würde man einen wesentlichen Vorteil verlieren. Nach dem bisherigen Vorschlag würde z. B. Kohle einen Heizwert von 8000 cal haben, wenn 1 g Kohle 8000 cal oder 1 kg Kohle 8000 kcal ergibt; die Einheiten ohne Vorsatz gehörten dann zueinander, ebenso die Einheiten mit dem gleichen Vorsatz k. Nach dem Gegenvorschlag würden 1 g Kohle 8000 mcal, 1 kg Kohle 8000 cal liefern, und die einfache Art, Wärmewerte von Verbrennungsvorgängen oder Wärmetönungen auszusprechen, würde verloren gehen. Man würde auch künftig nicht mehr aussprechen Grammkalorie, Kilogrammkalorie, Worte, die den Eindruck von Produkten machen, sondern Kalorie und Kilokalorie. Der bisherige Vorschlag des AEF wird also aufrecht zu erhalten sein.

Einheiten für Lichtgrößen. Es sind gegenwärtig internationale Beratungen über diese Einheiten im Gange; es empfiehlt sich, deren weiteren Verlauf, an dem auch der AEF sich beteiligt, abzuwarten, diese Einheiten demnach vorläufig wegzulassen.

Einheiten für elektrische Größen. Das vorgeschlagene Zeichen für Ohm, $\mathcal{O}$, hat zahlreichen Widerspruch erfahren; auch die Internationale Elektrotechnische Kommission hat es abgelehnt. An seiner Stelle wird fast allgemein das vielfach gebrauchte Ω gewünscht, das auch von der IEC angenommen werden wird. Die neue Einheit des Leitwerts, das Siemens, S, wird nach einem Beschluß der IEC dem Internationalen Elektrotechnischen Kongreß, der 1915 in San Francisco tagen wird, zur Annahme empfohlen werden. Von einer Seite ist gegen das Siemens eingewandt worden, die bisherige Einheit, das Ohmtel, $1/\mu$, reiche aus; das beruht aber auf einem Irrtum, denn dieses Zeichen ist nirgends in Aufnahme gekommen. Gegen das häufig gebrauchte Mho, die Umkehrung des Namens Ohm, hat sich der AEF bereits früher geäußert und diesen Namen verworfen. Gegen kW für Kilowatt wird geltend gemacht, es sehe unschön aus, wirke wie eine Formel u. a. m.; es wird vorgeschlagen, bei Vorsätzen, wie Kilo = (k), Milli = (m) usw. keinen Unterschied zwischen großen und kleinen Buchstaben zu machen. Alle diese Vorschläge liegen lediglich auf dem Gebiete der Empfindung; wenn man Zeichen gebraucht, müssen sie in jeder Beziehung eindeutig sein, und an die neue Zusammenstellung kW wird man sich bald genug gewöhnt haben. An eine Ablehnung ist um so weniger zu denken, als das Zeichen bereits allgemein gebraucht wird und auch von der IEC angenommen ist.

Die zusammengesetzten Einheiten sollen nur Beispiele sein; andere zusammengesetzte Einheiten können danach leicht gebildet werden.

Es werden hiernach die in der Zusammenstellung auf Seite 19 enthaltenen Einheitsbezeichnungen endgültig festgesetzt.

Entwurf VIII. Arbeit und Energie.
(Juni 1911).

I.

1. Eine Energieangabe bezieht sich stets auf einen Zustand, eine Arbeitsangabe dagegen stets auf eine Zustandsänderung.
2. Daher setzen sich Energieausdrücke aus gleichzeitigen Werten meßbarer Größen zusammen, Arbeitsausdrücke dagegen aus Werten[1]), die sich über einen Zeitabschnitt verteilen.
3. Als Merkmal zur Unterscheidung von Energie und Arbeit folgt hieraus, daß sich eine Energieangabe auf einen Zeitpunkt, eine Arbeitsangabe dagegen auf einen Zeitabschnitt bezieht.

II.

4. Mechanische Arbeit ist das Produkt aus Weg und der in der Wegrichtung fallenden Komponente der Kraft.

5. Elektrische (genauer: elektromagnetische) Arbeit ist das Produkt aus Spannung·Strom und Zeit.
6. Es ist eine Eigentümlichkeit des Sprachgebrauches, andere Energieübertragungen nicht als Arbeiten zu bezeichnen.

III.

7. Geht ein System aus einem Zustand in einen anderen über, so bezeichnet man als Abnahme seiner Energie den in Arbeitseinheiten gemessenen Betrag aller Wirkungen, die bei diesem Übergang außerhalb des Systems hervorgebracht werden.
8. Da hierdurch nur die Änderung der Energie eines Systems definiert ist, so wird der Betrag der Energie erst durch die Wahl des Zustandes bestimmt, dem die Energie Null zugeschrieben werden soll (Nullzustand). Für manche Energieformen ergibt sich die Wahl des Nullzustandes in zweckmäßiger und daher allgemein gebräuchlicher Weise dadurch, daß eine weitere Verringerung dieser Energieform von diesem Zustand aus nicht mehr möglich ist (z. B. bei der elektrischen und bei der magnetischen Energie).

IV.

9a. Bei manchen Zustandsänderungen findet kein Energieaustausch zwischen verschiedenen Körpern (oder Teilen eines Körpers) statt, sondern die Energie wechselt nur ihre Form, ohne zu wandern.
9b. Im allgemeinen geht aber bei einer Zustandsänderung Energie von einem Körper auf einen anderen über, und zwar entweder durch mechanische oder durch elektrische Arbeit oder durch Wärmeleitung oder durch elektromagnetische Strahlung (zu der auch Wärme- und Lichtstrahlung gehören).
9c. Außerdem kann Energie auch ohne Zustandsänderung ihres Trägers dadurch ihren Ort ändern, daß sie an bewegten Körpern haftet (Konvektion).
10. Beispiele für Energieformen sind: kinetische Energie, mechanische Lagenenergie, elastische Form- und Volumenenergie, Wärme, chemische Energie, elektrische Energie, magnetische Energie.

Zusatz.

11. Der Quotient aus der Arbeit und der auf sie verwendeten Zeit heißt Leistung. Die Leistung gibt die Stärke des Energiestromes durch eine Fläche (meist die Oberfläche eines Raumteiles) an.

Begründung und Erläuterung
von F. Emde, M. Planck, H. Rubens und G. F. Strahl.

Obgleich Arbeiten und Energien mit denselben Maßeinheiten gemessen werden, besteht doch zwischen ihnen ein wesentlicher Unterschied, und es ist wünschenswert, daß diese beiden Begriffe auch außerhalb der engeren theoretischen Literatur schärfer auseinander gehalten werden, als bisher wohl meist geschehen ist. Die Aufmerksamkeit auf die Unterschiede zu lenken, ist der Zweck des vorangehenden Textes.

Leistungen und Arbeiten sind schon rein äußerlich durch die verschiedenen Maßeinheiten, mit denen sie gemessen werden, unterschieden

---
[1]) Mathematisch gesprochen ist daher die Energiedichte (d. h. die in der Raumeinheit enthaltene Energiemenge) eine Funktion von Zustandsparametern (z. B. von Geschwindigkeit, Temperatur, Feldstärke), so daß die Energie selbst durch das Raumintegral einer solchen Funktion dargestellt wird. Die mechanische Arbeit ist dagegen ein Linienintegral, die Arbeit des elektrischen Stromes ein Zeitintegral.

(z. B. Watt und Joule). Unter Nr. 3 wird ein ebenso leicht erkennbares äußerliches Merkmal zur Unterscheidung von Energien und Arbeiten angegeben.

„Arbeit" kann nicht als eine Verdeutschung für „Energie" betrachtet werden. Man kann z. B. von Erhaltung der Energie sprechen, nicht aber von einer Erhaltung der Arbeit.

Als elektrische Arbeit ist nicht das Zeitintegral jedes elektromagnetischen (Poyntingschen) Energiestromes zu bezeichnen, weil sonst die Wärmestrahlung auch elektrische Arbeit genannt werden müßte und dies dem jetzigen Sprachgebrauch zuwiderlaufen würde. Von elektrischer Arbeit soll bei einem elektromagnetischen Energiestrom nur dann gesprochen werden, wenn er von einem elektrischen Leitungsstrom begleitet ist. Bei einem Leitungsstrom befindet sich im Innern des leitenden Körpers (z. B. Drahtes) fast nie Elektrizität. Dagegen ist die Arbeit, die bei der Bewegung eines elektrisch geladenen Körpers (Konvektionsstrom) geleistet wird, nach Nr. 4 als mechanische zu bezeichnen, ebenso die Arbeit bei der Bewegung von Magneten. Der Energieübergang, der mit der zeitlichen Änderung der Stärke eines elektrischen Feldes (Verschiebungsstrom) verknüpft ist, wird Strahlung genannt.

Es sei noch besonders darauf hingewiesen, daß in geladenen Kondensatoren elektrische Energie aufgespeichert ist, daß dagegen die Elektrizitätszähler eine elektrische Arbeit angeben.

Entwurf IX. Durchflutung und Strombelag.

(Juni 1911).

1. Die algebraische Summe aller elektrischen Ströme durch eine beliebige Fläche heißt elektrische Durchflutung.
2. Bei einer elektrischen Strömung, die man als zweidimensional (flächenhaft) ansehen kann und will, heißt der Strom oder die Durchflutung durch eine zu den Stromlinien senkrechte Längeneinheit Strombelag.

Begründung
von F. Emde und G. Rößler.

1. Es ist in der Physik und in der Elektrotechnik üblich geworden, unter „Strom" nur den Strom durch einen Querschnitt eines einzelnen leitenden Körpers zu verstehen, nicht aber den Strom durch eine beliebige Fläche. Die Zahlenwerte für solche Ströme im weiteren Sinne des Wortes werden aber täglich gebraucht. Meist stellen sie sich dann als Summen von Strömen (im engeren Sinne) dar, und da oft diese einzelnen Ströme gleich sind, als Produkte aus Strom und Leiterzahl. So ist in einer Dynamomaschine der magnetische Zustand des Eisens bestimmt durch die Gesamtzahl der erregenden Amperedrähte der Schenkel und des Ankers. Dabei bedeutet z. B. die Zahl der erregenden Amperedrähte der Schenkel den Strom, welcher durch die gesamte Querschnittsfläche dieser Drähte hindurchfließt. Bei der Angabe eines durch eine Fläche fließenden Stromes durch die Zahl der Amperedrähte ist der Amperedraht die Einheit dieses Stromes. Für den Begriff dieses Stromes selbst fehlt aber eine Bezeichnung, solange man unter „Strom" nur den durch einen einzelnen Leiter fließenden Strom versteht. In einer wissenschaftlichen Kultursprache darf aber eine Bezeichnung für einen so wichtigen Begriff ebensowenig fehlen, wie für eine Meterzahl die Bezeichnung Länge, eine Sekundenzahl die Bezeichnung Zeit, Voltzahl Spannung usw. Man darf mit ebensowenig sprachlichem Recht sagen, die Schenkel einer elektrischen Maschine hätten eine große Amperewindungszahl, wie man sagen darf, eine Strecke habe eine große Meterzahl, statt eine große Länge, oder ein Körper habe eine große Kilogrammzahl, statt ein großes Gewicht. Für die fehlende Bezeichnung der Größe, deren Einheit der Amperedraht ist, wird vorgeschlagen, das Wort Durchflutung zu wählen. Die Durchflutung kann danach definiert werden als der Strom, der eine beliebige (mehrere Leiterquerschnitte enthaltende) Fläche durchströmt. Wie man sagt, eine Maschine habe eine Spannung von so und so viel Volt, so hätte man also zu sagen, die Maschine (nämlich eine mittlere Kraftlinie der Maschine) habe eine Durchflutung von so und so viel Amperedrähten, oder, wenn man will, auch eine Durchflutung von so und so viel Ampere.

Nach dieser Definition gilt für die Durchflutung des weiteren das folgende.

Das eine der beiden Grundgesetze der Elektrodynamik läßt sich in die Worte kleiden: „Die elektrische Durchflutung durch eine beliebige Fläche steht in einem festen, nur von der Wahl der Maßeinheiten abhängigen Verhältnis zu der zugehörigen magnetischen Umlaufspannung", wenn unter Umlaufspannung das Randintegral der Tangentialkomponente der magnetischen Feldstärke verstanden wird.

Wenn die Durchflutungen durch zwei Flächen mit gemeinsamem Rand gleich sind, wie im stationären Feld, so kann man auch von der Durchflutung einer geschlossenen Kurve statt von der Durchflutung einer Fläche sprechen, z. B. von der elektrischen Durchflutung einer magnetischen Kraftlinie. Um dies allgemein tun zu können, muß man mit Maxwell zur „wahren" Durchflutung übergehen.

2. Bei dünnen Platten (Blechen, Goldblatt) oder dünnwandigen Hohlzylindern usw. empfiehlt es sich in manchen Fällen, nicht die wirkliche Stromdichte in Betracht zu ziehen, sondern die Platten als unendlich dünn und den Strom als flächenhaft verteilt anzusehen. Die auf die Flächeneinheit bezogene Stromdichte wird dann unendlich groß. Dagegen kommt man zu bestimmten Zahlen, wenn man die Stromdichte auf die Längeneinheit bezieht. Für diese Dichte des Flächenstromes wird die Bezeichnung Strombelag vorgeschlagen. Um bei Dynamomaschinen die Strombelastungen verschieden großer Anker zu vergleichen, ist es üblich geworden, die elektrische Durchflutung des Ankerkupfers auf die Längeneinheit des Umfanges zu beziehen. Die erhaltene „Zahl der Amperestäbe auf 1 cm Umfang" ist demnach auch als Strombelag des Ankers zu bezeichnen. Die Bezeichnung Strombelag für die Größe, deren Einheit ein Amperestab auf 1 cm Umfang ist, bildet dabei eine ebenso notwendige logische Ergänzung, wie die Bezeichnung Durchflutung für die Größe, deren Einheit der Amperestab ist.

Entwurf X. Mathematische Zeichen.
(Juni 1911 und März 1912).

Nr.	Zeichen	Bedeutung
1.	1. 1)	erstens
2.	( )	Numerierung von Formeln; die Formelnummern sollen stets am rechten Rande des Textes stehen.
3.	$^0/_0$, vH	Prozent
4.	$^0/_{00}$, vT	Promille
5.	/	für ein, pro
6.	÷	bis (statt —)
7.	( ) [ ] { }	Klammer
8.	,	Dezimalzeichen: Komma unten, oder Punkt oben. Zur Gruppenabteilung bei größeren Zahlen darf weder Komma noch Punkt verwandt werden.
9.	$0,0_58$	0,000008
10.	+	plus, mehr, und
11.	—	minus, weniger
12.	· ×	mal, multipliziert mit. Der Punkt steht auf halber Zeilenhöhe.
13.	: / —	geteilt durch
14.	=	gleich
15.	≡	identisch mit
16.	≠	nicht gleich
17.	≈	nahezu gleich, rund, etwa
18.	<	kleiner als
19.	>	größer als
20.	≪	klein gegen ⎫ von anderer
21.	≫	groß gegen ⎭ Größenordnung
22.	∞	unendlich
23.	√	Wurzelzeichen. Das Zeichen √ erhält einen oben angesetzten wagerechten Strich, an dessen Ende noch ein kurzer senkrechter Strich angesetzt werden kann.
24.	| |	Determinante
25.	| |	Betrag einer reellen oder komplexen Größe
26.	!	Fakultät
27.	∆	endliche Zunahme
28.	d	vollständiges Differential

Nr.	Zeichen	Bedeutung
29.	∂	partielles Differential
30.	δ	Variation, virtuelle Änderung
31.	đ	Diminutiv
32.	Σ	Summe von; Grenzbezeichnungen sind unter und über das Zeichen zu setzen. Die Summationsvariable wird unter das Zeichen gesetzt
33.	∫	Integral
34.	∥	parallel
35.	⫲	gleich und parallel
36.	⊥	rechtwinklig zu
37.	△	Dreieck
38.	≅	kongruent
39.	∼	ähnlich, proportional
40.	∡	Winkel
41.	$\overline{AB}$	Strecke AB
42.	$\overset{\frown}{AB}$	Bogen AB

Erläuterungen
von F. Eichberg, F. Emde, K. Scheel und M. Seyffert.

Mit den Einheiten und Formelgrößen sind die mathematischen Zeichen, die die Beziehungen zwischen den Formelgrößen darstellen, so eng verbunden, daß es selbstverständlich erscheint, auch für diese Zeichen eine einheitliche Schreibart zu empfehlen.

Außer den rein mathematischen Beziehungszeichen (+ — =) glaubten wir, auch andere häufig vorkommende Zeichen (△ ∞ usw.) aufnehmen zu sollen, da das Bedürfnis einer einheitlichen Schreibart für diese ebenso wie für jene vorliegt; dagegen kann zunächst von selteneren und nur in einzelnen Sonderwissenschaften gebrauchten Bezeichnungen abgesehen werden, um eine allgemeine Verständigung nicht zu erschweren.

Bei der Auswahl haben wir uns im allgemeinen auf bereits vorhandene Zeichen beschränkt; die wenigen neuen Zeichen (÷ ≈ ≪ ≫) sind wohl schon hier und da gebraucht und betreffen solche Beziehungen, für die eine einheitliche Schreibart dringend erforderlich schien, ehe der Willkür Tür und Tor geöffnet wird.

Wir waren bestrebt, für jede Beziehung nur ein Zeichen zu empfehlen; jedoch bestehen für einige der häufigsten je nach Art der Anwendung mehrere Zeichen, die gleich gut und notwendig sind. Hier haben wir mehrere Zeichen aufgenommen, von denen je nach Lage des Falles das eine oder das andere zu verwenden ist.

Zu Nr. 3. Die Zeichen vH und vT sollen ohne Punkt geschrieben werden.

Zu Nr. 6. Das Zeichen ÷ soll verwandt werden, um Verwechslungen des bisher üblichen — mit dem Minuszeichen zu vermeiden.

Zu Nr. 8. In Österreich ist der Dezimalpunkt gebräuchlich, in Deutschland das Dezimalkomma; keiner von diesen Gebräuchen kann unterdrückt werden.

Zu Nr. 9. Diese Bezeichnung ist in der Physik seit Jahren üblich.

Zu Nr. 12. Es empfiehlt sich, für die Multiplikation von Zahlen × zu benutzen, um einer Verwechslung mit dem Dezimalzeichen vorzubeugen.

Zu Nr. 13. In Formeln ist im allgemeinen für die Division der wagerechte Strich zu benutzen; die Zeichen: und / nur zur Raumersparnis, wenn der Bruch nicht zwei Zeilen einnehmen darf.

Zu Nr. 28. Als Zeichen des vollständigen Differentials wird das gerade d vorgeschlagen. Die Kursivbuchstaben dienen zur Darstellung von physikalischen Größen; zur Bezeichnung mathematischer Funktionen gebraucht man meist die gerade Schrift, z. B. sin, log. Auch für das Differentialzeichen wird in manchen Büchern das gerade d verwendet, doch findet man auch häufig das Kursiv-d. Es scheint zweckmäßig, einen bestimmten Gebrauch vorzuschlagen; folgerichtig wäre wohl nur: für mathematische Funktionszeichen gerade Buchstaben, also hier gerades d.

Zu Nr. 31. Diminutivzeichen sind bisher selten benutzt worden. Ihr Sinn und ihr Nutzen mag an einem einfachen Beispiel erläutert werden. Leisten äußere Kräfte an einem Körper die Arbeit A, und wird ihm von außen die Wärmemenge Q zugeführt, so dient die Summe dieser beiden Beträge zur Vermehrung der inneren Energie U des Körpers: $A + Q = U_2 - U_1$, wenn U_1 den Anfangswert der Energie und U_2 ihren Endwert bedeutet. (Erster Hauptsatz der Wärmelehre.) Beim Übergang zu unendlich kleinen Größen entsteht hier eine Schwierigkeit. Denn wenn aus $U_2 - U_1$ das Differential dU wird, so kann aus A und Q nicht in demselben Sinne dA und dQ werden. Nichtsdestoweniger hat man diese Schreibweise oft angewandt. Planck zeigt in seiner Thermodynamik auf S. 55 (3. Aufl. 1911), zu welchen Fehlern sie führen kann. Er zieht deshalb vor, auch die unendlich kleinen Größen einfach mit A und Q zu bezeichnen und zu schreiben: $A + Q = \mathrm{d}U$. Dann sind aber die unendlich kleinen Größen nicht von den endlichen unterschieden. Manche Autoren schreiben dagegen ∂A, benutzen also das Zeichen der partiellen Differentiale. Um allen solchen Verwechslungen zu begegnen, hat W. Voigt in seiner Thermodynamik besondere Diminutivzeichen ā eingeführt und schreibt also đA + dQ = dU. Damit sich das Diminutivzeichen deutlicher von dem Differentialzeichen unterscheide, schlägt der AEF als Diminutivzeichen đ vor. Dann wäre z. B. zu schreiben đA + đQ = dU.

Es ergibt sich hieraus folgende Gegenüberstellung: dx ist eine unendlich kleine Zunahme von x, dagegen ist đx eine unendlich kleine Größe, die sich nicht als Zunahme einer Größe x auffassen läßt. Daher gibt dx integriert $x_2 - x_1$, dagegen đx integriert x.

Die Anwendung des Diminutivzeichens wird das Verständnis aller der Auseinandersetzungen sehr erleichtern, bei denen Funktionen von mehr als einer unabhängigen Veränderlichen auftreten.

Entwurf XIII. Gewicht.
(Januar 1914.)

Der Ausdruck „Gewicht" bezeichnet eine Größe gleicher Natur wie eine Kraft; das Gewicht eines Körpers ist das Produkt seiner Masse in die Beschleunigung der Schwere.

Erläuterungen
von Eugen Meyer und Friedrich Auerbach.

Die Frage nach der Definition des Wortes Gewicht hat mit derjenigen, ob das absolute oder das technische Maßsystem zur Anwendung empfohlen werden soll, nichts zu tun; denn ob man das eine oder andere Maßsystem benutzt, so bliebe es an sich doch immer noch frei, mit dem Worte Gewicht eine Masse oder eine Kraft zu bezeichnen. In der alten Maß- und Gewichtsordnung (Reichsgesetz von 1893) wurden offenbar die Worte „Masse" und „Gewicht" als Synonyme behandelt, indem gesagt wurde: „Das Kilogramm ist die Einheit des Gewichtes. Es wird dargestellt durch die Masse desjenigen Gewichtsstückes, welches usw."[1]).

Dieser Sprachgebrauch steht aber im völligen Gegensatz zu der Übung der Physiker. Nicht bloß die alten Lehrbücher, sondern auch die neueren Lehrbücher von Kohlrausch, Voigt, Riecke, Müller-Pouillet, Lorentz, Wiedemann, Ebert u. a., die nach dem Erlaß des erwähnten Reichsgesetzes erschienen sind, definieren das Gewicht eines Körpers stets als eine Kraft, nämlich diejenige, mit der der Körper von der Erde angezogen wird. Ja viele benutzen das Wort „Gewicht" geradezu zur ausdrücklichen Unterscheidung von Masse, um das technische Maßsystem vom absoluten zu unterscheiden, u. zw. in den Zusammensetzungen: „Massenkilogramm" und „Gewichtskilogramm".

Es wäre nun durchaus unberechtigt, ein Wort, das seit Jahrhunderten in der Physik die Bedeutung einer Kraft im Gegensatz zu Masse hat, in der Bedeutung Masse zu gebrauchen. Ein solcher Gebrauch erscheint aber auch als äußerst unpraktisch, denn für „Masse" hat man schon ein gutes einwandfreies Wort, nämlich „Masse" selbst, so daß man ein zweites Wort dafür nicht braucht. Für Gewicht dagegen in dem Sinne, wie es jetzt und seit altersher von den Physikern gebraucht wird, nämlich als die von der Schwere an einem Körper hervorgerufene Kraft, besitzt man kein zweites Wort, da „Schwere", „Schwerkraft" nach dem allgemeinen Sprachgebrauch in der Physik etwas anderes bedeuten, als Gewicht, nämlich die Ursache des Gewichtes. Man setze nur in die doch von jedem Physiker gebrauchten Ausdrücke: „Beschleunigung der Erdschwere" und „Schwerkraft an irgend einem Orte der Erde" an Stelle von „Schwere" und „Schwerkraft" das Wort „Gewicht" ein, um zu sehen, wie unzulässig es ist, für Gewicht in dem bisher in der Physik üblichen Sinne die Worte „Schwere" oder „Schwerkraft" zu setzen. Das wäre ebenso fehlerhaft, wie etwa die Verwechslung von „Temperatur" und „Wärme".

---

[1]) In der neuen Maß- und Gewichtsordnung (Reichsgesetz von 1908) ist der Satz „Das Kilogramm ist die Einheit des Gewichts" weggelassen; es heißt nur noch „Das Kilogramm ist die Masse des internationalen Kilogrammprototyps".

Die Wirkung der Wage beruht auf dem Gleichgewicht von Kräften. Bei feineren Wägungen oder bei sperrigen Körpern ist daher die Auftriebskraft der Luft bei der Wägung mit zu berücksichtigen. Für viele, insbesondere praktische Zwecke, dient die Wage zur Messung von Kräften (so z. B. bei der Wägung von Gütern bei Post und Eisenbahn in Hinsicht auf die Tragkraft von Post- und Eisenbahnwagen, Brücken usw.). Noch häufiger, insbesondere für wissenschaftliche Zwecke, wird allerdings die Wage zur Messung von Massen benutzt, wobei aber Masse und Gewicht an demselben Orte der Erde in einem konstanten Verhältnis stehen, so daß auch die Gewichtsmessung zum Ziele führt. Derjenige, welcher die Wage hauptsächlich zur Massenermittlung benutzt, mag von Massensätzen statt von Gewichtssätzen sprechen, oder es mag der Chemiker die Bezeichnung „Atommasse" der Bezeichnung „Atomgewicht" vorziehen (für Atommasse und Atomgewicht bekommt man die gleiche unbenannte Verhältniszahl). Jedenfalls wäre es aber unzulässig, dem Worte „Gewicht", das bisher in der Physik eindeutig als das Produkt aus der Masse und der Beschleunigung der Schwere an einem Ort bezeichnet wird und hierfür völlig unentbehrlich ist, eine andere Bedeutung zu geben.

Die hier vorgetragene Auffassung steht in Übereinstimmung mit der Erklärung, die die dritte Generalversammlung für Maße und Gewichte in ihrer Sitzung vom 22. Oktober 1901 zu Paris einstimmig angenommen hat (vgl. Müller-Pouillet, Lehrbuch der Physik, I. Band, 10. Aufl. 1906, S. 97). Der AEF hat sich in der obigen Festsetzung dieser Erklärung in wortgetreuer Übersetzung angeschlossen.

Entwurf XIV. Dichte.
(Januar 1914.)

1. **Massendichte** (spezifische Masse) ist der Quotient der Masse eines Körpers durch sein Volumen.
2. **Gewichtsdichte** (spezifisches Gewicht) ist der Quotient des Gewichts eines Körpers durch sein Volumen.
3. **Dichtezahl** (Dichteverhältnis) ist das Verhältnis der Massendichte oder der Gewichtsdichte eines Körpers zu der Massendichte oder der Gewichtsdichte eines Vergleichskörpers. Wenn keine besonderen Gründe dagegen sprechen, ist für feste und flüssige Körper als Vergleichskörper Wasser von 4° C zu wählen.
4. **Massenräumigkeit** (spezifisches Massenvolumen) ist der Quotient des Volumens eines Körpers durch seine Masse.
5. **Gewichtsräumigkeit** (spezifisches Gewichtsvolumen) ist der Quotient des Volumens eines Körpers durch sein Gewicht.

Erläuterungen
von Eugen Meyer und Friedrich Auerbach.

Wird die Masse eines Körpers mit m, sein Volumen mit V, Masse und Volumen eines Vergleichskörpers mit m_0, V_0 und die Beschleunigung der Schwere mit g bezeichnet, so werden die fünf festgelegten Begriffe durch folgende Formeln dargestellt:

1. $\dfrac{m}{V}$ 4. $\dfrac{V}{m}$

2. $\dfrac{mg}{V}$ 5. $\dfrac{V}{mg}$

3. $\dfrac{m}{V} : \dfrac{m_0}{V_0} = \dfrac{mg}{V} : \dfrac{m_0 g}{V_0}$

Wenn auch einige Physiker strenge und folgerichtige Unterschiede in der Benennung der Begriffe 1 bis 3 gemacht haben, so finden sich in der Literatur doch bisher vielfach Unklarheiten und Unstimmigkeiten in deren Benennung. So wird z. B. die Bezeichnung Dichte für jeden der Begriffe 1, 2 oder 3, die Bezeichnung spezifisches Gewicht für den Begriff 2 oder 3 angewandt; ja in einzelnen namhaften Lehrbüchern werden sogar gleichzeitig und unterschiedslos die Begriffe 1 bis 3 mit Dichte, oder die Begriffe 2 und 3 mit spezifisches Gewicht bezeichnet, obgleich sich 1 und 2 in der Dimension unterscheiden, und der Begriff 3 eine unbenannte Zahl darstellt. Demgegenüber sind die obigen Vorschläge zum Zwecke einer einheitlichen und folgerichtigen Bezeichnung der Begriffe gemacht worden.

Es empfiehlt sich aber auch für die reziproken Werte der Quotienten 1 und 2, die bisher unterschiedslos als „spezifisches Volumen" oder auch nach Ostwald als „Räumigkeit" bezeichneten Begriffe 4 und 5, eine schärfere Unterscheidung einzuführen.

Für die Begriffe 1 und 2 könnte man auch an die Bezeichnungen Raummasse (Volumenmasse), Raumgewicht (Volumengewicht), für die Begriffe 4 und 5 an Massenvolumen, Gewichtsvolumen denken; doch erscheinen die oben vorgeschlagenen besser.

Für viele Zwecke würde es genügen, für die Begriffe 1 und 2 einheitliche Benennungen einzuführen, so z. B. in der mathematischen Physik und der Mechanik, wo in der Regel die Massendichte oder die Gewichtsdichte, also eine benannte Zahl, in die Formeln einzusetzen ist. In der Chemie ist aber der dritte Begriff, die unbenannte Verhältniszahl, unentbehrlich. Die an vielen Tausenden von chemischen Stoffen und Lösungen ausgeführten Dichtebestimmungen sind zum größten Teil als Verhältniszahlen angegeben, wobei als Vergleichsstoff durchaus nicht immer Wasser von 4° gewählt ist. Vielmehr wird für feste und flüssige Stoffe daneben Wasser von 0°, von 15°, von 17½° usw., häufig „Wasser von der Versuchstemperatur" als Vergleichsstoff benutzt. Die Dichtezahlen von Dämpfen und Gasen werden auf Normalgase von gleicher Temperatur und gleichem Druck bezogen, u. zw. entweder auf Luft, oder auf Wasserstoff, oder auf ein ideales Gas, das genau den 32. Teil der Dichte von Sauerstoff hat. Alle diese Bestimmungen würden in der Luft schweben, wenn der Begriff 3 (unbenannte Verhältniszahl) künftig wegfiele. Zwar wird es angezeigt sein, allgemein Wasser von 4° als Vergleichsstoff einzuführen und damit den Zahlenwert des Ergebnisses mit dem der Begriffe 1 und 2 passend gewählten Einheiten in Übereinstimmung zu bringen, aber vorläufig muß noch in weitem Umfange (Laboratoriumspraxis, Pharmazie, Technik) mit den bezeichneten Gewohnheiten gerechnet werden, die sich teils auf Bequemlichkeitsgründe, teils, wie auch bei der Dichtezahl für Gase, auf theoretische Gründe (Beziehungen zum Molekulargewicht) stützen. Um aber den Begriff 3 als unbenannte Zahl von den Quotienten 1 und 2 streng zu unterscheiden, wird dafür die Benennung Dichtezahl (Dichteverhältnis) vorgeschlagen.

Der Zusatz zu der Begriffsbestimmung 3 soll darauf hinwirken, daß jeder Experimentator die von ihm erhaltene Dichtezahl auf Wasser von 4° selbst umrechnet, falls er Wasser von anderer Temperatur beim Vergleichsversuch benutzt hat.

Mit der Einführung der Bezeichnungen „Massendichte", „Gewichtsdichte", „Massenräumigkeit", „Gewichtsräumigkeit" soll es nicht ausgeschlossen werden, die einfachen Ausdrücke „Dichte" und „Räumigkeit" da zu benutzen, wo über ihre Bedeutung, sei es durch eingangs gegebene Erklärungen oder sonst durch den Zusammenhang, kein Zweifel bestehen kann.

Entwurf XV. Formelzeichen des AEF.
(Januar 1914.)

Liste C.

Nr.	Größe	Zeichen
1	Energie	W
2	Periodendauer	T
3	Kreisfrequenz	ω
4	Frequenz (bei Wechselstrom)	f
5	Spezifischer Widerstand	ϱ
6	Leitwert	G
7	Elektrostatische Induktion	D
8	Dielektrizitätskonstante	ε
9	Gegeninduktivität	M
10	Magnetischer Fluß	Φ

Erläuterungen
von Friedrich Neesen und Max Seyffert.

In der Liste C wird Stellung genommen zu der von der Internationalen Elektrotechnischen Kommission (IEC) vorgeschlagenen Liste von Formelzeichen.

In betreff der ersten Größe — Energie — ist es nicht ratsam, hierfür den Buchstaben A zu benutzen, welcher nach der ersten Liste für die Größe „Arbeit" vorgesehen ist[1]). Denn Arbeit tritt nur auf, wenn eine Änderung der Energie irgend einer Form erfolgt; Energie ist noch keine Arbeit, drückt vielmehr das Vermögen aus, Arbeit zu leisten (vgl. Entwurf VIII. Energie und Arbeit, S. 31). Dieser Unterschied muß auch in dem Unterschiede der Bezeichnungen zum Ausdruck kommen. Bei der Wahl schien der Buchstabe W, welcher als Anfangsbuchstabe von Werk eine Beziehung zur Arbeit enthält, zweckmäßig. Die IEC hat dasselbe Zeichen gewählt.

Inbetreff des zweiten Zeichens T für Periodendauer herrscht schon jetzt beinahe vollständige Übereinstimmung.

Das Zeichen ω für Kreisfrequenz ist im allgemeinen Gebrauch. Derselbe Buchstabe ist vom AEF als Bezeichnung für Winkelgeschwindigkeit festgesetzt. Trotzdem erscheint es nicht

---
[1]) Das Zeichen A für Arbeit wird voraussichtlich in die Liste B aufgenommen werden.

notwendig, von der feststehenden Benutzung von ω für beide Größen abzugehen.

Bei der Abwägung der zur Bezeichnung der Frequenz bei Wechselströmen in Frage kommenden Buchstaben erscheint das in Liste A für Schwingungszahl vorgesehene Zeichen nicht zweckmäßig, weil dasselbe in der Technik für Tourenzahl benutzt wird. Die IEC hat den Buchstaben f gewählt, der frei ist und sich auch als Anfangsbuchstabe von Frequenz empfiehlt. Daß es sich bei dieser Wahl wesentlich nur um die Zwecke der Wechselstromtechnik handelt, so daß ein Zwiespalt mit Schwingungszahl nicht zu befürchten ist, findet seinen Ausdruck durch Hinzufügung der Klammer.

Die übrigen Zeichen entsprechen dem Gebrauche und sind in Übereinstimmung mit der Festsetzung der IEC. Insbesondere empfiehlt sich der Buchstabe ϱ noch wegen der Verwandtschaft mit dem für Widerstand festgelegten Zeichen R. Die IEC hat für Blindwiderstand und Scheinwiderstand die Buchstaben X und Z gewählt; diese aber empfehlen sich nicht wegen der Verwechslung mit Koordinaten. Es ist daher zunächst von Formelzeichen für diese Größen noch abgesehen worden.

Entwurf XVI. Energieeinheit der Wärme.
(Januar 1914.)

Die Energieeinheit der Wärme ist das internationale Kilojoule oder die internationale Kilowattsekunde.

Begründung
von Fritz Emde, Eugen Meyer und Karl Scheel.

Es ist eine Folge der Entdeckung des mechanischen Wärmeäquivalents, daß man mechanische Arbeiten und Wärmemengen durch dieselbe Maßeinheit ausdrücken kann. Dies bedeutet in vielen Fällen einen Rechenvorteil, den man sich aber fast gar nicht zunutze gemacht hat. Für die erste Zeit nach der Entdeckung mag sich dies daraus erklären, daß der Zahlenwert des Äquivalents nicht genau genug bekannt war, so daß die Umrechnung oft leicht größere Fehler hätte mit sich bringen können, als die Messung. Heute aber fällt dieser Grund weg. Denn das Wärmeäquivalent ist jetzt so genau bekannt, daß es selten möglich sein wird, die Messungsfehler unter die Unsicherheit des Wärmeäquivalents herabzudrücken. Sicherlich hätten deshalb längst viele praktische Rechner für Wärmemengen eine mechanisch definierte Energieeinheit benutzt, wenn sie nicht durch einen anderen Umstand oft genötigt würden, zur Kalorie zurückzukehren: Die Tabellen der Wärmekonstanten liegen noch nicht auf mechanisches Maß umgerechnet vor. Aber es kostet nur eine einmalige verhältnismäßig kleine Mühe, dies Hindernis aus dem Wege zu räumen.

Wenn man nun fragt, für welche mechanische Energieeinheit man sich bei der Umrechnung der Wärmekonstanten entscheiden soll, so kann die Antwort nicht zweifelhaft sein: Nachdem der Vorschlag des AEF, für alle Energieformen als Energieeinheit das Kilowatt zu benutzen, allseitig Zustimmung und nirgends Widerspruch gefunden hat, so ergibt sich daraus für den AEF die Folgerung, daß er als Wärmeeinheit das Kilojoule oder die Kilowattsekunde vorzuschlagen hat. Statt dessen kann man natürlich auch, wo es bequem ist, dekadische Vielfache oder Teile des Kilojoules benutzen, unter andern das Joule.

Es besteht vielfach die Meinung, daß das Joule keine mechanische, sondern eine elektrische Einheit sei; eine solche Meinung ist irrig und ist nur dadurch hervorgerufen, daß man bei der Entwicklung der Elektrotechnik kein eigentliches elektrisches Energiemaß (wie in der Wärmelehre die Kalorie) schuf, sondern sofort zur mechanischen Energieeinheit überging, was jetzt auch einheitlich für die Wärmelehre angestrebt wird. Tatsächlich besteht nun, wie in dem Bericht über die Äußerungen der Vereine usw. zu Satz I, Nr. 4 (S. 11), ausgeführt ist, ein kleiner Unterschied zwischen dem in der Elektrotechnik gebräuchlichen internationalen Joule (= 1 internationale Wattsekunde) und der mechanischen Einheit 10^7 Erg, der sich aber z. Zt. noch nicht genau angeben läßt. Aus rein formellen Gründen wird das internationale Kilojoule als Energieeinheit der Wärme vorgeschlagen, für welches in Satz I, Nr. 4, die Beziehung zur 15^0-Kalorie bereits festgesetzt ist; 1 internationales Kilojoule = 0,23865 15^0-kcal. Umgekehrt ist also die Wärmemenge, die die Temperatur von 1 kg Wasser von 14,5 auf $15,5^0$ erhöht: 1 15^0-kcal = 4,190 internationale Kilojoule.

Aber selbst, wenn man das Kilojoule als rein elektrische Energieeinheit ansprechen wollte, würde man seine Berechtigung, als allgemeine Energieeinheit zu dienen, nicht in Frage stellen können. Denn je mehr die elektrischen Meßmethoden überhaupt an Boden gewonnen haben, um so mehr sind auch elektrische Methoden zur Messung von Wärmekonstanten verwendet worden (vgl. z. B. die Messungen der spezifischen Wärme fester Körper in tiefen Temperaturen von Nernst; ferner die Untersuchungen im Münchener Institut für technische Physik über den Wärmedurchgang durch Isoliermaterialien u. a. m.). Es ist aber anzunehmen, daß wo nicht, wie in manchen Gebieten der Technik, besondere Gründe für die Beibehaltung der Kalorie sprechen, sich das Kilojoule als Energieeinheit auch für Wärmevorgänge leicht einführen wird.

Um den Übergang zu erleichtern, sind in den folgenden Tabellenschematen die verschiedenen Wärmeeigenschaften an Beispielen in mechanischen und teilweise noch vergleichsweise im kalorischen Maße angegeben.

I. Wärmeaufspeicherung.

	kalorisches Energiemaß	mechanisches Energiemaß

1. Spezifische Wärme

	kalorisches Energiemaß	mechanisches Energiemaß
Aluminium	0,214 $\frac{\text{g-Kal}}{\text{g} \cdot \text{Grad}}$	0,896 $\frac{\text{Joule}}{\text{g} \cdot \text{Grad}}$
Wasser	1 „	4,19 „

2. Schmelzwärme.

	kalorisches Energiemaß	mechanisches Energiemaß
Aluminium	77 $\frac{\text{g-Kal}}{\text{g}}$	323 $\frac{\text{Joule}}{\text{g}}$
Eis	80 „	335 „

3. Verdampfungswärme.

	kalorisches Energiemaß	mechanisches Energiemaß
Wasser bei 100^0 . .	538 $\frac{\text{g-Kal}}{\text{g}}$	2,254 $\frac{\text{Kilojoule}}{\text{g}}$

4. Verbrennungswärme.

	kalorisches Energiemaß	mechanisches Energiemaß
Steinkohlengas . . .	5800 $\frac{\text{g-Kal}}{\text{g}}$	24,3 $\frac{\text{Kilojoule}}{\text{g}}$
„ . . .	5,3 $\frac{\text{g-Kal}}{\text{cm}^3}$	22,3 $\frac{\text{Joule}}{\text{cm}^3}$

5. Wasserdampf.

Temperatur	Druck	Energie	Wärmeinhalt	Entropie
0^0	0,0063 $\frac{\text{kg}}{\text{cm}^2}$ = 0,0062 . 10^6 $\frac{\text{dyn}}{\text{cm}^2}$	2370 $\frac{\text{Joule}}{\text{g}}$	2490 $\frac{\text{Joule}}{\text{g}}$	9,13 $\frac{\text{Joule}}{\text{g} \cdot \text{Grad}}$
100^0	1,033 „ = 1,013 . 10^6 „	2510 „	2680 „	7,86 „
200^0	15,890 „ = 15,582 . 10^6 „	2610 „	2810 „	6,48 „

II. Wärmetransport.
1. Wärmeleitung.

	kalorisches Energiemaß	mechanisches Energiemaß	
Aluminium ...	$0{,}48 \dfrac{\text{g-Kal}}{\text{Grad.cm.sec}}$	$2{,}01 \dfrac{\text{Joule}}{\text{Grad.cm.sec}} =$	$2{,}01 \dfrac{\text{Watt}}{\text{Grad.cm}}$
Quarz	$0{,}0001 \dfrac{\text{g-Kal}}{\text{Grad.cm.sec}}$	$0{,}4 \dfrac{\text{Millijoule}}{\text{Grad.cm.sec}} =$	$0{,}4 \dfrac{\text{Milliwatt}}{\text{Grad.cm}}$

2. Strahlungsenergie der Hefnerlampe.

kalorisches Energiemaß	mechanisches Energiemaß	
$0{,}0000215 \dfrac{\text{g-Kal}}{\text{cm}^2.\text{sec}}$	$90{,}1 \dfrac{\text{Mikrojoule}}{\text{cm}^2.\text{sec}} =$	$90{,}1 \dfrac{\text{Mikrowatt}}{\text{cm}^2}$

3. Strahlungskoeffizient des schwarzen Körpers.

$1{,}28 \cdot 10^{-12} \dfrac{\text{g-Kal}}{\text{Grad}^4.\text{cm}^2.\text{sec}}$	$0{,}0536 \dfrac{\text{Mikrojoule}}{\text{Grad}^4.\text{m}^2.\text{sec}} =$	$0{,}0536 \dfrac{\text{Mikrowatt}}{\text{Grad}^4.\text{m}^2}$

Entwurf XVII: Normaltemperatur.
(Mai 1914.)

Die Eigenschaften von Stoffen, Systemen, Geräten und Maschinen sind tunlichst bei einer bestimmten einheitlichen Temperatur zu messen oder für eine solche zu berechnen und anzugeben. Sofern nicht besondere Gründe für die Wahl einer anderen Bezugstemperatur vorliegen, ist als Normaltemperatur $+ 20^0$ C zu wählen.

Die Bezugstemperatur 0^0 C ist beizubehalten:

in der Festlegung der Maßeinheiten „Meter" und „Ohm";

in der Festlegung der Druckeinheit „Atmosphäre" und bei Barometerangaben.

Die Bezugstemperatur $+ 4^0$ C ist beizubehalten in der Festlegung der Maßeinheit „Liter" und für Wasser als Vergleichskörper bei Dichtebestimmungen.

Begründung.

Von Fr. Auerbach, G. Dettmar, Eugen Meyer und K. Scheel.

Da es zu den Aufgaben der Physik und Chemie gehört, die Eigenschaften und Wirkungen der verschiedensten Stoffe und Energien unter den verschiedensten Bedingungen zu ermitteln, so werden die Messungen naturgemäß bei den verschiedensten Temperaturen, bis zu den tiefsten und höchsten überhaupt erreichbaren, ausgeführt. Aber auch innerhalb des engen Gebietes, das man als Zimmertemperatur bezeichnet und etwa von $+ 15^0$ bis $+ 25^0$ C rechnen kann, herrscht die größte Mannigfaltigkeit in den für physikalische und chemische Messungen verschiedener Art bevorzugten Temperaturen. Das gilt selbst für amtliche Vorschriften. So ist in der 5. Ausgabe des Deutschen Arzneibuches für die Bestimmung des spezifischen Gewichtes als Normaltemperatur 15^0 vorgeschrieben, für die Messung der Drehung des polarisierten Lichtes 20^0, für Tropfenzähler wieder 15^0, während unter „Zimmertemperatur" 15 bis 20^0 verstanden sein soll. In den Ausführungsbestimmungen zum Zuckersteuergesetz ist 20^0 als Normaltemperatur festgesetzt, in der Weinzellordnung und in der Anweisung zur chemischen Untersuchung des Weines 15^0. Auch in der Alkoholometrie gilt 15^0 als Normaltemperatur. Nach der amtlichen Anweisung zur chemischen Untersuchung von Fetten soll die Refraktion von Ölen bei 25^0 gemessen werden, während für die refraktometrische Prüfung der Milch $17{,}5^0$ üblich ist.

Ebenso groß ist die Verschiedenheit der angewandten Temperaturen bei rein wissenschaftlichen Messungen. Von Eigenschaften, die ihrer Natur nach bei sehr vielen Temperaturen bestimmt werden müssen, wie Löslichkeit, spezifische Wärme und ähnlichen, soll dabei ganz abgesehen werden. Aber auch für Dichtemessungen gibt es keine bevorzugte Temperatur mit Ausnahme der Gasdichte, für die 0^0 die allgemeine Normaltemperatur darstellt. So werden die Volumina gläserner Meßgefäße meist bei 18^0, $17{,}5^0$ oder 15^0 bestimmt. Die Polarisationsdrehung wässeriger Lösungen wird vorwiegend bei 20^0, die Viskosität solcher meist bei 25^0, chemische Gleichgewichte und Reaktionsgeschwindigkeiten werden bei 15^0, 18^0, 20^0, 25^0 und anderen Temperaturen gemessen. Verhältnismäßig große Übereinstimmung herrscht bei der Bestimmung des elektrischen Leitvermögens wässeriger Lösungen, für das im Gebiet der Zimmertemperatur nach dem Vorgange von Kohlrausch 18^0 oder nach dem von Ostwald 25^0 als Normaltemperatur benutzt wird. Von den galvanischen Normalelementen ist bekanntlich das Clarkelement auf 15^0, das Cadmiumelement auf 20^0 bezogen.

Es ist klar, daß diese Verhältnisse Unzuträglichkeiten mit sich bringen. Die für eine Temperatur geeichten Maßgefäße oder Geräte können bei genauen Messungen nicht ohne weiteres für andere Temperaturen benutzt werden. Für Anbringung von Korrekturen wegen der Temperaturverschiedenheit fehlen häufig genaue Unterlagen. Oft wird der Beobachter veranlaßt, seine Untersuchungen bei einer anderen als der gewünschten Temperatur zu machen, nur weil er sich nach der Temperatur richten muß, für die gewisse Eigenschaften der benutzten Stoffe schon früher gemessen worden sind.

Auch für die Technik besteht das dringende Bedürfnis nach Vereinbarungen über eine Normaltemperatur. In den Kupfernormalien des Verbandes Deutscher Elektrotechniker aus dem Jahre 1906 war 15° als Normaltemperatur festgesetzt, in den neueren Bestimmungen aber 20°, ebenso auch für die Prüfung von Eisenblech. Für die Maschinentechnik ist es unter anderem aus folgendem Grunde von Bedeutung, eine Normaltemperatur, u. zw. eine über 0° liegende festzusetzen: Wenn man Gasmengen, Luftmengen, die für einen Gasmotor, einen Luftkompressor verbraucht werden, auf 0° C bezieht, so erhält man kleinere Verbrauchszahlen, als dann im Betriebe an Gaszählern oder Luftzählern gemessen werden; die Maschinen erscheinen dadurch wirksamer, als sie sind. Bisher ist in den Regeln für Leistungsversuche an Gasmaschinen und Gaserzeugern die Vorschrift enthalten, daß der Heizwert von gasförmigen Brennstoffen auf 1 cbm bei 0° und 760 mm Barometerstand bezogen werden soll.

Es besteht also zweifellos das Bedürfnis, eine im Gebiete der „Zimmertemperatur" gelegene Normaltemperatur zu vereinbaren, die tunlichst auf allen physikalischen, chemischen und technischen Gebieten gelten soll, soweit nicht besondere Gründe dagegen sprechen. Bei der Wahl einer solchen Temperatur könnte man für die Gebiete der reinen Physik und Chemie zwischen den bisher am meisten angewandten Temperaturen 18° und 20° schwanken. Für 18° liegt ein ungeheures Zahlenmaterial an physikochemischen Messungen der verschiedensten Stoffe vor. Indessen spricht gegen 18° der Umstand, daß diese Temperatur in Deutschland im Sommer nicht ohne künstliche Kühlung aufrechtzuerhalten ist; noch mehr gilt dies für die südlicher gelegenen Arbeitsstätten, die sich in immer steigender Zahl an genauen Messungen beteiligen. Da zudem seitens der Elektrotechniker eine Internationale Vereinbarung auf der Grundlage von 20° abgeschlossen ist, so empfiehlt es sich, dieser Wahl zu folgen.

Es versteht sich von selbst, daß der Physiker und Chemiker auch weiterhin bei wissenschaftlichen Forschungsarbeiten sich in den seltensten Fällen mit Messungen bei einer einzigen Temperatur begnügen wird, da er auch den Temperaturverlauf der betreffenden Werte zu ermitteln streben wird. Doch erscheint es entbehrlich, hierfür bestimmte Vorschläge zu machen. Es genügt, wenn die Messungen dieser Art jedenfalls unter anderm auch bei 20° vorgenommen werden, und wenn diese letztere Temperatur bei praktischen Messungen, z. B. bei technischen Prüfungen, bei Analysen usw. allgemein angewandt wird.

Es versteht sich weiter von selbst, daß Fälle denkbar sind, in denen besondere Gründe für die Wahl anderer Temperaturen sprechen. Solche Fälle, in denen man sogar notwendigerweise die Bezugstemperaturen 0° und 4° beibehalten muß, sind oben aufgeführt.

Auch für die Begriffsbestimmung des Normalzustandes von Gasen für physikalische und chemische Zwecke wird man aus praktischen Gründen bei der Bezugstemperatur 0° bleiben, da vielbenutzte Formeln, Zahlenwerte und Tabellen sich auf die Bedingungen 0° und 760 mm Druck beziehen. Ein innerer Grund für die Bevorzugung der Temperatur 0° bei Gasen liegt aber nicht vor, und daher erscheint es erforderlich, in allen Fällen, wo praktische Anwendungen der Gase in Frage kommen, besonders also für technische Zwecke, die Eigenschaften der Gase, wie Dichte, spezifische Wärme, Heizwert, für die der Anwendungstemperatur naheliegende Normaltemperatur 20° anzugeben; die einfache Benutzung der auf 0° bezogenen Werte für die gewöhnliche Arbeitstemperatur ohne Umrechnung würde zu mehr oder minder großen Ungenauigkeiten führen.

Entwurf XVIII: Feld und Fluß.
(Mai 1914.)

1. Den Raum, in welchem sich elektrische und magnetische Erscheinungen abspielen, bezeichnet man allgemein als elektromagnetisches Feld. Beschränkt sich die Betrachtung im besonderen auf die elektrischen oder auf die magnetischen Erscheinungen, so spricht man von einem elektrischen oder magnetischen Felde.

2. Das Integral der Normalkomponente eines Feldvektors über eine Fläche bezeichnet man als Fluß des Vektors durch die Fläche. Im besonderen bezeichnet man das Integral der Normalkomponente der magnetischen Induktion über eine Fläche als Induktionsfluß und das Integral der Normalkomponente der dielektrischen Verschiebung über eine Fläche als Verschiebungsfluß.

3. Den Induktionsfluß durch eine von allen Windungen einer Spule umrandete Fläche bezeichnet man als Spulenfluß. Der Fluß durch die Fläche einer einzelnen Windung heißt Windungsfluß.

Erläuterungen.

Von K. Sulzberger, R. Richter und K. W. Wagner.

In der Physik ist es üblich, das Raumgebiet, in dem ein bestimmter physikalischer Zustand herrscht, der an jeder Stelle durch eine bestimmte Größe und Richtung definiert ist, als Vektorfeld zu bezeichnen. Wenn es sich um einen Raum handelt, in dem sich elektrische und magnetische Erscheinungen abspielen, der physikalische Zustand an jeder Stelle des Raumes also durch einen elektrischen und magnetischen Vektor bestimmt ist, so spricht man von einem elektromagnetischen Felde. Entsprechend nennt man im besonderen „elektrisches Feld" das Wirkungsgebiet des elektrischen Vektors und „magnetisches Feld" das Wirkungsgebiet des magnetischen Vektors. Wenn es zweifelsfrei ist, welches Feld gemeint ist, spricht man auch von dem Felde schlechtweg.

In vielen Fällen interessiert jedoch nicht die Verteilung des Feldvektors, sondern es genügt zu wissen, welchen Wert das Integral der Normalkomponente des Vektors durch eine bestimmte Fläche hat, z. B., wenn es sich darum handelt, die EMK zu bestimmen, die in einer Leiterschleife induziert wird. Sie ist nach dem Induktionsgesetz gleich der Änderungsgeschwindigkeit des Integrals der Normalkomponente der magnetischen Induktion durch eine Fläche, deren Randkurve die betrachtete Schleife ist. Dieses Flächenintegral des Feldvektors bezeichnet man als den **Fluß durch die Fläche der Schleife**.

Der magnetischen Induktion im magnetischen Felde entspricht die dielektrische Verschiebung im elektrischen Felde; dem Induktionsfluß entspricht also hier der Verschiebungsfluß. Seine Änderungsgeschwindigkeit liefert bekanntlich den dielektrischen Verschiebungsstrom.

Der Fluß ist ein Skalar. Hieraus ergibt sich, daß der Fluß durch eine bestimmte Fläche stets zahlenmäßig angegeben werden kann, während das Feld eines Vektors nur das Wirkungsgebiet bezeichnet, in dem der Vektor vorherrscht.

So kann man z. B. bei einem Transformator von einem **Hauptfelde** und einem **Streufelde** nur insofern sprechen, als man mit Hauptfeld das Raumgebiet bezeichnet, in dem die Induktionslinien verlaufen, die sowohl die primäre wie die sekundäre Wicklung durchsetzen, d. i. im wesentlichen der Eisenkern, und mit Streufeld das Gebiet der magnetischen Streulinien, d. h. der Induktionslinien, die nicht sämtliche Windungen beider Wicklungen umschlingen[1]), d. i. im wesentlichen der Luftraum zwischen den beiden Wicklungen. Zur Beurteilung der magnetischen Beanspruchung ist der Feldvektor maßgebend, die Induktion im Eisenkern, zur Berechnung der induzierten elektromotorischen Kräfte die entsprechenden Induktionsflüsse, z. B. für die Haupt-EMK, i. a.

---
[1]) Die hierbei vorausgesetzte Unterteilung des Gesamtflusses ist nicht immer die zweckmäßigste. In einer besonderen Aufgabe („Magnetische Streuung") des AEF sollen die Begriffe Hauptfluß und Streufluß definiert werden; die endgültige Fassung der Erläuterungen wird auf diese Definitionen Rücksicht nehmen.

---

kurz EMK genannt, das Integral der Induktion über den Querschnitt des Eisenkerns, d. h. der **Hauptfluß**, während für die Berechnung des Spannungsabfalls der **Streufluß** maßgebend ist.

Ferner sind beispielsweise bei einem stabförmigen Magnete die **Flüsse** in den verschiedenen Querschnitten desselben verschieden, während alle diese Querschnitte im nämlichen Felde liegen.

In der Praxis handelt es sich häufig um die Berechnung der induzierten EMK in einer Spule. Dazu hat man nach dem Induktionsgesetz eine Fläche zu konstruieren, die von den sämtlichen Windungen der Spule sowie von der Linie umrandet wird, die Enden der Spulenwicklung auf dem kürzesten Wege verbindet, ohne das magnetische Feld zu durchschneiden. Wie man sich eine derartige Fläche vorzustellen hat, ist von F. Emde gezeigt und durch ein Modell erläutert worden („Elektrotechnik und Maschinenbau", Wien, 1912, Heft 47); den Fluß durch diese Fläche bezeichnet man als den **Spulenfluß**. Bisher wurde der Spulenfluß als Zahl der Kraftflußverkettungen oder Zahl der Kraftflußwindungen, zuweilen auch als Kraftlinienwindungszahl bezeichnet.

Häufig will man auch die in einer Windung induzierte EMK berechnen. Hierzu braucht man nach dem Induktionsgesetz den Fluß durch eine Fläche, die von der Windung und der kürzesten Verbindungslinie ihrer Enden umrandet ist. Diesen Fluß nennt man den **Windungsfluß**. Er kann wegen der Streuung der Induktionslinien für die verschiedenen Windungen einer Spule verschieden sein. Aber stets ist die Summe aller Windungsflüsse einer Spule gleich dem Spulenfluß. Sind im besonderen Falle die Windungsflüsse sämtlich einander gleich, so ist der Spulenfluß gleich dem Produkt aus dem Windungsfluß und der Windungszahl.

8. Aufgaben des AEF.

Zurzeit hat der AEF noch folgende Aufgaben in Bearbeitung genommen.

Unterscheidende Namengebung für die Arten des elektrischen Stromes.

Unterscheidende Namengebung für die in Wechselstrommotoren auftretenden elektromotorischen Kräfte.

Unterscheidende Namengebung für die Arten der Wechselstrommotoren.

Benennungen in der Reglertheorie.

Verbesserung der elektrotechnischen Benennungen.

Neues Maßsystem.

Name für die Änderung des magnetischen Kraftflusses.

Drehzahl.

Drehsinn und Voreilung im Wechselstromdiagramm[1]).

Bezeichnungen für Vektorgrößen.

Einheit der Frequenz.

Links- oder rechtswendiges Koordinatensystem.

Vorzeichenregeln für die Wechselstromtechnik.

Name für das dritte thermodynamische Potential.

Magnetische Streuung.

Festlegung einiger Begriffe aus dem Gebiete der elektrischen Kraftwerke.

Funken und Lichtbogen.

---
[1]) Zu diesem Gegenstand ist eine ausführliche Darlegung in der Elektrotechnischen Zeitschrift, 1913, Seite 893, 984 erschienen.

Eine Zusammenstellung der bisherigen Beschlüsse des AEF in Taschenformat und die 1. Liste der Formelzeichen in Plakatform können von der Geschäftsstelle des Elektrotechnischen Vereins, Berlin SW 11, Königgrätzer Str. 106, bezogen werden.

Verlag von Julius Springer in Berlin.

Bedienung und Schaltung von Dynamos und Motoren sowie für kleine Anlagen ohne und mit Akkumulatoren. Von Rudolf Krause, Ingenieur. Mit 150 Textfiguren. In Leinwand gebunden Preis M. 3,60.

Die Wechselstromtechnik. Herausgegeben von Professor Dr.-Ing. E. Arnold (Karlsruhe). In fünf Bänden.
— I. Theorie der Wechselströme von J. L. la Cour und O. S. Bragstadt. Zweite, vollständig umgearbeitete Auflage. Mit 591 Textfiguren.
In Leinwand gebunden Preis M. 24,—.
— II. Die Transformatoren. Ihre Theorie, Konstruktion, Berechnung und Arbeitsweise. Von E. Arnold und J. L. la Cour. Zweite, vollständig umgearbeitete Auflage. Mit 443 Textfiguren und 6 Tafeln. In Leinwand gebunden Preis M. 16,—
— III. Die Wicklungen der Wechselstrommaschinen. Von E. Arnold. Zweite, vollständig umgearbeitete Auflage. Mit 463 Textfiguren und 5 Tafeln.
In Leinwand gebunden Preis M. 13,—.
— IV. Die synchronen Wechselstrommaschinen. Generatoren, Motoren und Umformer. Ihre Theorie, Konstruktion, Berechnung und Arbeitsweise. Von E. Arnold und J. L. la Cour. Zweite, vollständig umgearbeitete Auflage. Mit 530 Textfiguren und 18 Tafeln. In Leinwand gebunden Preis M. 22,—.
— V. Die asynchronen Wechselstrommaschinen.
  1. Teil: Die Induktionsmaschinen. Ihre Theorie, Berechnung, Konstruktion und Arbeitsweise. Von E. Arnold, J. L. la Cour und A. Fraenkel. Mit 307 Textfiguren und 10 Tafeln. In Leinwand gebunden Preis M. 18,—.
  2. Teil: Die Wechselstromkommutatormaschinen. Ihre Theorie, Berechnung, Konstruktion und Arbeitsweise. Von E. Arnold, J. L. la Cour und A. Fraenkel. Mit 400 Textfiguren, 8 Tafeln und dem Bildnis E. Arnolds.
In Leinwand gebunden Preis M. 20,—.

Wechselstromtechnik. Von Dr. G. Roessler, Professor an der Königlichen Technischen Hochschule zu Danzig. Zweite Auflage von „Elektromotoren für Wechselstrom und Drehstrom". I. Teil. Mit 185 Textfiguren.
In Leinwand gebunden Preis M. 9,—.

Gesammelte Elektrotechnische Arbeiten. (1897—1912.) Von Dr. F. Eichberg. Mit 415 Textfiguren und 1 Tafel. Preis M. 16,—; in Leinwand gebunden M. 17,—.

Theorie der Wechselströme. Von Dr.-Ing. Alfred Fraenckel. Mit 198 Textfiguren. In Leinwand gebunden Preis M. 10,—.

Elektrotechnische Messkunde. Von Dr.-Ing. P. B. Arthur Linker. Zweite, völlig umgearbeitete und verbesserte Auflage. Mit 380 Textfiguren.
In Leinwand gebunden Preis M. 12,—.

Vorstudien zur Einführung des selbsttätigen Signalsystems auf der Berliner Hoch- und Untergrundbahn. Von G. Kemmann, Geh. Baurat. Mit 4 Tafeln und 31 Textfiguren. Preis M. 6,—.

Elektrische Strassenbahnen und strassenbahnähnliche Vorort- und Überlandbahnen. Vorarbeiten. Kostenanschläge und Bauausführungen von Gleis-, Leitungs-, Kraftwerks- und sonstigen Betriebsanlagen. Von Oberingenieur Karl Trautvetter, Beuthen (O.-S.). Mit 334 Textfiguren.
Preis M. 8,—; in Leinwand gebunden M. 8,80.

Stromverteilung, Zählertarife und Zählerkontrolle bei städtischen Elektrizitätswerken und Überlandzentralen. Auf Grund praktischer Erfahrungen bearbeitet von Carl Schmidt, Ingenieur in St. Petersburg. Mit 4 Textfiguren und 10 Kurventafeln. Preis M. 2,60.

Telephon- und Signal-Anlagen. Ein praktischer Leitfaden für die Errichtung elektrischer Fernmelde- (Schwachstrom-) Anlagen. Herausgegeben von Carl Beckmann, Oberingenieur der Aktiengesellschaft Mix & Genest, Telephon- und Telegraphenwerke, Berlin-Schöneberg. Bearbeitet nach den Vorschriften für die Errichtung elektrischer Fernmelde- (Schwachstrom-) Anlagen der Kommission des Verbandes deutscher Elektrotechniker und des Verbandes elektrotechnischer Installationsfirmen in Deutschland. Mit 426 Abbildungen und Schaltungen und einer Zusammenstellung der gesetzlichen Bestimmungen für Fernmeldeanlagen. In Leinwand gebunden Preis M. 4,—.

MIX
Papier aus verantwortungsvollen Quellen
Paper from responsible sources
FSC® C105338

If you have any concerns about our products,
you can contact us on
ProductSafety@springernature.com

In case Publisher is established outside the EU,
the EU authorized representative is:
**Springer Nature Customer Service Center GmbH
Europaplatz 3, 69115 Heidelberg, Germany**

Printed by Libri Plureos GmbH
in Hamburg, Germany